新农村建设农村热点问题丛书

农村灾害防治基本常识

韩 菲 编著

中国财政经济出版社

图书在版编目（CIP）数据

农村灾害防治基本常识/韩菲编著．—北京：中国财政经济出版社，2011.9

（新农村建设农村热点问题丛书）

ISBN 978 - 7 - 5095 - 3087 - 0

Ⅰ．①农…　Ⅱ．①韩…　Ⅲ．①农村 - 自然灾害 - 灾害防治 - 中国　Ⅳ．①X432

中国版本图书馆 CIP 数据核字（2011）第 178732 号

责任编辑：杨钧珺　　　责任校对：李　丽
封面设计：汪俊宇　　　版式设计：文　通

中国财政经济出版社出版

URL：http：//www. cfeph. cn

E - mail：cfeph@ cfeph. cn

（版权所有　翻印必究）

社址：北京市海淀区阜成路甲 28 号　邮政编码：100142
发行处电话：88190406　财经书店电话：64033436
三河市国英印务有限公司印刷　各地新华书店经销
880×1230 毫米　32 开　5.125 印张　140 000 字
2011 年 9 月第 1 版　2011 年 9 月河北第 1 次印刷
定价：20.00 元
ISBN 978 - 7 - 5095 - 3087 - 0/X·0008
（图书出现印装问题，本社负责调换）
本社质量投诉电话：010 - 88190744

序　言

　　最近十年，在全球范围内发生了不少骇人听闻的重大事件，从2001年美国的"9·11"恐怖袭击到2003年的"非典"，从2004年的印尼海啸到2008年的中国南方大雪灾和"5·12"汶川大地震，再到2010年的智利地震、中国玉树地震和舟曲特大山洪泥石流灾害，还有2011年国内的高温干旱、暴雨洪涝等等，一次次触目惊心的突发事件和自然灾害，不仅对我们的生命、健康和财产安全构成严重威胁，还极大地影响着我们的日常生活、生产和工作。

　　当前，我们生活在一个和平、发展的年代，社会的各项事业正在有条不紊的推进。但是，越是风平浪静之时，我们越要注意诸多不安全因素的发生，居安思危。古人云："祸兮福之所倚，福兮祸之所伏。"而且这个世界到处充满着未知，潜藏着危机。地震、火灾、食物中毒、传染病……可以说，生活中的危险无处不在。

　　为贯彻落实中共中央、国务院《关于推进社会主义新农村建设的若干意见》和国家新闻出版总署、中央文明办、财政部等八部委"关于印发《"农家书屋"工程实施意见》的通知"精神，进一步提高农民的文化素质，满足农民的应急需要，为建设社会主义新农村服务。针对农民所需，决定编写《农村灾害防治基本常识》一书。

　　我国有8亿农民，分布在60多万个行政村中。农业是否健康可持续发展，农村是否稳定，农民是否安居乐业，是我们所面临和关注的、不容回避的重大问题，它直接关系到我国农民能否正常的生产、生活，关系到我国的长治久安。因此，如何有效地预防自然灾害和突发事件的发生，快速地采取应急措施，妥善地安排灾后生产、生活，是我们每一个农民朋友必须了解的，因为在各种自然灾害和突发事件中有相当大部分是可以通过掌握知识和安全教育加以避免和减轻的。

　　本书就是出于这个目的，以实际、实用、实效为原则，使农民朋友一目了然，快速受益。本书采用问答式，共设四篇，从气象灾害、地质灾害、生活预警和生理安全等四部分介绍了有关防灾减灾和避险自救的常识，以科普宣传的方式给广大农民朋友提供了一个学习、了解的渠道，希望它能为农民朋友提高科技意识，增强防灾减灾和避险能力助一臂之力。

　　本书由武汉市学科带头人韩菲编著。在本书写作过程中，吸取了有关书籍和相关网站的资料，由于作者不便联系，在此一一表示诚挚的谢意。

　　由于编写者水平有限，书中内容及其写作必然有所欠缺。对内容中的不妥之处，敬请专家、农民朋友批评指正。

作　者

2011 年 8 月

目　录

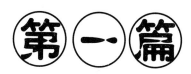

第一篇

气象灾害篇

1. 气象、气候对农业生产有什么影响

气象，通俗地来讲，它是指发生在天空中的风、云、雨、雪、霜、露、虹、晕、闪电、打雷等一切大气现象。

农作物生长在大自然中，无时无刻不受气象条件的影响，因此农业生产与气象是息息相关的。风、雨、雪、雹、冷、热、光照等气象条件对农业生产活动都有很大的影响。这些影响集中表现在对江南早稻育秧期有影响的春季低温连阴雨，对晚稻抽穗扬花有影响的寒露风，北方冬麦区的小麦干热风，对水稻、高粱、玉米和大豆等有影响的东北夏季低温，对农作物收获有影响的华南及江淮秋雨和干旱、雨涝、霜冻、高温、冰雹、大风等灾害性天气。半个世纪以来，中国长江中下游等南方地区的暴雨明显变多了，而在北方省份，旱灾发生的范围不断扩大。近年来，中国每年因气象灾害造成的农作物受灾面积达 5000 万公顷，因灾害损失的粮食有 4300 万吨，每年受重大气象灾害影响的人口达 4 亿人次，造成经济损失平均达 2000 多亿元人民币。由此可见，认识和掌握当地的天气气候规律，积极采取防御措施趋利避害，是非常重要的。

气候是地球上某一地区多年的天气和大气活动的综合状况，是某地或某地区的多年平均天气状况、特征及其变化规律。具体说来，气候对农业生产的影响主要表现在：

影响农作物的分布，如：热带水果与温带水果的差异；

影响农作物熟制的分布，如：一年一熟、两年三熟、一年两

熟、一年三熟之分；

影响工作方式，如：旱地、水田、绿洲等；

影响农产品产量，如：风调雨顺则收成较高，否则收成低甚至颗粒无收。

气候变化对农业的影响是负面的。预计到 2030 年，我国三大作物，即稻米、玉米、小麦，除了浇灌冬小麦以外，均以减产为主。

2007 年以来，中国气候异常，降雨严重程度不均，极端天气事件频繁，多灾并发，点多面广，部分地区重复、连年受灾，局部地区雨情、汛情、旱情、灾情超历史记录，仅 2007 年，因灾直接经济损失就达 2363 亿元。

2. 我国主要气象灾害与防治

2.1 高温

2010 年的夏天高温肆虐，全国因高温死亡事件频发。7 月 30 日至 8 月 1 日，济南因高温出现多名因中暑入院的户外劳动者，其中 8 人经抢救无效离世，大多为环卫工人，或是农民工。7 月 30 日，济南市闷热，最高气温达到了 36℃。高温天气让户外行人感到窒息，不一会儿就汗流浃背。这天上午，一位工友被发现倒在路边，随即被送往山东大学第二医院，经抢救无效死亡。临床检查发现，病发前他曾在高温下工作。在随后的两天时间里，医院又收治了多名中暑的劳动者，其中 5 人死亡，他们病发前都曾在高温下工作。张某，45 岁，7 月 31 日 16 时 30 分被送到医院，17 时 9 分死亡；王某，35 岁，7 月 31 日 19 时 5 分被送到医院，8 月 1 日 7 时 15 分，经抢救无效死亡……在医院登记的"死亡原因"一栏中都写着"中暑"二字。

气象学上，气温在 35℃以上时可称为"高温天气"，如果连续几天最高气温都超过 35℃时，即可称作"高温热浪"天气。

一般来说，高温通常有两种情况，一种是气温高而湿度小的干热性高温；另一种是气温高、湿度大的闷热性高温，称为"桑拿天"。

高温是怎样形成的

城市规划的不尽合理，城市的无序发展，人们的高消费带来高排放等，都是造成城市"热浪"一波接一波的重要原因。特别是在城镇化发展过程中，许多城市移走大树，让位于高楼大厦，减少自然景观，一味追求人造景色，使我们生活的城市被越捂越热。

在农村，水域面积不断减少，河流干枯，农村城镇化的规模不断扩大，森林植被无休止地被破坏，导致"天然空调"的功能日益衰弱，沙漠化也日益严重，地球表面的温度自然也就不断提高了。

高温对我们有什么危害

高温天气对人体健康的主要影响是产生中暑以及诱发心、脑血管疾病导致死亡。人体在过高环境温度作用下，体温调节机制暂时发生障碍，而发生体内热蓄积，导致中暑。中暑按发病症状与程度，可分为：热虚脱，是中暑最轻度表现，也最常见；热辐射，是长期在高温环境中工作，导致下肢血管扩张，血液淤积，而发生昏倒；日射病是由于长时间暴晒，导致排汗功能障碍所致。

对于患有高血压、心脑血管疾病的农民在高温潮湿无风低气压的田地里，人体排汗受到抑制，体内蓄热量不断增加，心肌耗氧量增加，使心血管处于紧张状态，闷热还可导致人体血管扩张，血液粘稠度增加，易发生脑出血、脑梗死、心肌梗等症状，严重的可能导致死亡。

在夏季闷热的天气里，还易出现热伤风（夏季感冒）、腹泻和皮肤过敏等疾病。原因是由于高温环境下，人体代谢旺盛，能量消耗较大，而闷热又常使人睡眠不足，食欲不振，造成人体免疫力下降，此时再不加节制地使用空调或电扇来解暑，人体长时间处于过低温度环境里，机体适应能力减退，抵抗力下降，病菌、病毒就会乘虚而入，极易引起上呼吸道感染（感冒）；另外，高温高湿环境，细菌、病毒等微生物大量滋生，食物极易腐败变质，食用后会引起消化不良、急性胃肠炎、痢疾、腹泻等疾病的发生；再者，人们从室外高温环境中回到家中，习惯马上打开空调或用电扇直吹，吃些冰镇食品，这一冷一热，马上就开始腹泻。

中暑有什么症状

中暑是由于体热平衡失调，水、盐代谢紊乱或因阳光直射头部导致脑膜脑组织受损等所引起的一种急性过热性疾病的总称。

在热浪袭击的炎热气候下，农民在高温环境下劳作，一定时间后，可能出现全身疲乏无力、大量出汗、口渴、头昏、头痛、胸闷、恶心呕吐、注意力不集中、步态不稳，体温正常或略有升高。这就是中暑的先兆。如及时到荫凉处休息，补充盐水，在短期内症状即可消失，而处理不当，可以发展为中暑。

中暑了怎么办

立即将病人移到通风、阴凉、干燥的地方，如走廊、树荫下。

让病人仰卧，解开衣扣，脱去或松开衣服。如衣服被汗水湿透，应更换干衣服。

尽快冷却体温，降至38℃以下。具体做法有用凉湿毛巾冷敷头部、腋下以及腹股沟等处；用温水或酒精擦拭全身；冷水浸浴15～30分钟；在室内，迅速打开电扇或空调，以尽快散热。

意识清醒的病人或经过降温清醒的病人可饮服绿豆汤、淡盐水等解暑。

还可服用人丹和藿香正气水。另外，对于重症中暑病人，要立即拨打120电话，求助医务人员紧急救治。

高温对大棚有什么危害

直接伤害。高温会使棚内的蒸发量大增，致使幼苗植株萎蔫干枯，也会使一部分果实出现局部日灼，以番茄、辣椒、甜椒受害居多，会严重影响商品的质量。

出现花芽分化不良。一些瓜果类的蔬菜，在高温条件下会发生雌花减少、雄花增多的现象。番茄、辣椒在高温下一般会出现花小、果小的现象。

导致落花落果。温度过高会导致作物体内的光合产物大量的消耗，使花芽分化和幼果的营养供给不足，加重落花落果。会降低作物的产量。

影响色素的正常形成。实践证明番茄生长的适温为20℃～30℃。在这个范围内，温度高时上色快，色泽好。超过30℃时上色慢。达到35℃时，茄红素形成困难。即使果实成熟，色泽也不好，影响其商品价值。

易引发病毒病。病毒病在低温情况下表现为隐症状态，但在条件适宜时，尤其是高温干旱时，会表现为显症状态。使原本健康的蔬菜突然出现花叶、卷曲果实条斑等症状。

怎样减轻高温对大棚的危害

对于预防高温带来的危害，有的菜农采用浇水的方式来降温。这种方法会产生很好的效果，但不宜常用，因为浇水过勤会导致土壤通透性降低，易发生沤根。可以使用遮阳网来降温，最好选用黑色45%遮光率的。只能在中午前后一段时间内使用，不可以全天使用，以免妨碍正常光合作用的进行。对于高温产生的病毒病，可以喷施病毒必克水乳剂500～600倍加嘧肽霉素1000倍、三十烷醇一支，如再加一两醋，效果更佳。另外还要注意防治蚜虫、螨虫等，以防治病毒病的再一次传播。

高温对水稻有什么危害

高温危害多发生在水稻开花灌浆期，对抽穗扬花期水稻生长发育危害最重，轻则减产3～5成，重则减产7成以上甚至绝收。高温使得水稻花器发育不全，花粉发育不良，活力下降，散粉不畅，受精不良。持续高温，对于水稻幼小的花器花粉而言，无疑是抵抗不了的。结果是结实率下降，实粒数减少，产量下降，品质降低。

怎样减轻水稻高温灾害

对于高温，农民朋友需及时采取措施，加强田间管理，做好高温热害灾后的技术补救，提高水稻结实率，减轻损失。

一是选育耐高温品种和选用上午早开花的品种，避过盛花时的高温危害。水稻通常在上午 10～12 时盛花，在夏季高温日，上午 11～12 时气温就可能升达 35℃以上，盛花时间早的，受高温危害较轻。

二是根据品种特点，选择适宜的播栽期，调节开花期，避开高温。

三是早晨或傍晚实行叶面喷施磷钾肥。3%的过磷酸钙或 0.2%的磷酸二氢钾溶液，或与 0.13%浓度 $NaB_4O_7 \cdot 10H_2O$ 混合液，能极显著改善水稻授精能力，增强稻株对高温的抗性，有减轻高温伤害的效果。

四是田间灌深水以降低穗层温度。充分利用水渠水窖等各种水源，在高温持续的这段时间采取灌溉的方式降低地表温度，通过增加空气湿度，为农作物"降温解暑"。尽可能采取日灌夜排，或实行长流水灌溉，降温增湿，改善孕穗和抽穗扬花田块的田间环境。

农民朋友另外还要注意一个问题：清晨和傍晚这段时间，也是高温时期喷洒农药的最好时间，因为高温时段喷洒农药，由于气温过高，水分蒸发过快、农药浓度过高，对人和作物都会造成非常大的伤害。

什么是小麦干热风灾害

进入 5 月份，小麦已普遍进入扬花灌浆期，这一时期是小麦产量形成的关键期，也是小麦干热风出现的敏感期。

小麦干热风是小麦扬花灌浆期间出现的一种高温低湿并伴有一定风力的综合性农业气象灾害。对小麦的危害，除了茎叶枯干、降低对光能的利用外，主要是缩短灌浆过程、降低千粒重，迫使小麦提前成熟。干热风较轻的年份，可能导致减产 5%～10%；重的年份，减产 10%～20%，有时可达 30% 以上，而且影响小麦的品质及降低出粉率。

怎样减轻小麦高温和干热风灾害

生物防御：干热风的生物防御是指植树造林，特别是营造防风林，实行林粮间作等。利用生物对干热风的抑制作用，通过培植生物改善生态环境来抵御干热风。

农业技术防御：是指运用一些常用的农业技术措施，如适期早播、选育抗旱品种、合理灌溉（如有条件采用喷灌，增加空气湿度），注重小麦后期田间管理等，增强小麦对干热风的抗性。

通过灌溉保持适宜的土壤水分增加空气湿度，可以预防或减轻干热风危害。尤其是在小麦成熟前 10 天左右浇 1 次麦黄水，可以明显改善田间小气候条件，减轻干热风危害，并有利于麦田套种和夏播。要防止在大热天中午灌水和大水漫灌，以免根系窒息死亡，更不要在遇有干热风的情况下灌水。

化学防御：是指采用一些化学药剂或化学制品对小麦进行闷种或叶面喷洒，通过改变植株体内的生化过程，提高对干热风的抗性，减轻干热风的危害。如用氯化钙、复方阿司匹林等药剂拌种，可以促进小麦壮苗，增强小麦抗御干热风的能力。或及时喷施 1% 尿素水 +0.2% 磷酸二氢钾液（或相应的抗干热风增产剂），一般每 5 天喷一次，连喷 2 次。

高温对蔬菜有什么危害

持续高温天气，对秋茬栽培的蔬菜幼苗形成较大的威胁。它不但影响幼苗的正常生长，造成生长点萎蔫，生长停滞等，并且容易影响幼苗的花芽分化，导致前期落花、落果和畸形果比例较高，使前期效益大大降低。

植株脱水。若遇无雨或少雨，就会造成土壤干旱和大气干旱（干热风），当蔬菜根系从土壤中吸收的水分不能满足植株蒸发的需求，就会造成蔬菜植株叶片卷曲、脱落，蔬菜品质变劣、产量下降，甚至枯萎、干死。

抗病性丧失。当气温或地温高于蔬菜植株正常生长的温度范围后，就会使某些抗病品种的抗病性丧失，变为感病品种，加重病害的发生。

易发生生理病害。高温常与强光照相伴，高温强光灼伤植株，导致叶片萎蔫，造成日灼病，同时光合能力降低；高温干旱又可使茄果类、豆类等蔬菜的开花结果过程受到不利影响，造成落花落果；如番茄在开花初期遇到40℃以上的上表温度会引起落花，持续时间愈长座果率愈低；菜豆在气温30℃以上授粉率大大降低。

高温抑制根系与植株生长，并诱发多种病虫害，高温干旱可使病毒病、白粉病、螨害等加重。

怎样减轻高温对蔬菜的危害

合理浇水。浇水是缓解高温天气最有效的措施之一，适当浇水或采用微滴灌溉，通过水分蒸发散热降温。高温干旱期以早晨或傍晚时采用喷灌效果最佳。尽量避免在午餐前后高温浇灌。

及时追肥。加强前期水肥管理，促进枝叶繁茂，以减轻日晒，壮苗也可以提高抗高温能力。

根据蔬菜作物的种类和生长阶段，结合浇水，叶面喷洒0.1%～0.2%磷酸二氢钾溶液，促进蔬菜生长，施用生长调节剂控制落花落果。

适时覆盖降温。在夏、秋季育苗，采用遮阳网覆盖栽培，防止太阳直射灼伤蔬菜；套种高杆作物以遮阳降温，如茄子与辣椒间种，玉米与辣椒间种；对于裸露的作物行间地面，可铺一层麦秸、稻草、碎秸秆等物，以防地温过高；春夏季多种植耐热蔬菜，如冬瓜、丝瓜、苦瓜、豇豆、茄子、豆荚和空心菜等。

对症防治病虫害。可从番茄初花期或大白菜莲座期起，喷洒氯化钙和萘乙酸的混合液，防治脐腐病或干烧心病；可选用萘乙酸、可喷洒病毒A、植病灵、菌毒清等药剂，防止病毒病；可喷洒三唑酮、武夷菌素、高脂膜、敌力脱、烯唑醇、福星等药剂，防治白粉病；可喷洒杀螨剂，防治螨害。

高温对果树有什么危害

高温极易引起大气干燥，增加作物水分蒸发，降低土壤墒情，出现干旱。

高温干旱使果树叶片气孔不闭合，必将加剧枝叶水分蒸发散失，直接影响幼果发育，导致"生理落果"发生。

高温干旱会降低果树光合作用，增大果树呼吸强度，减少有机营养合成和积累，继而影响幼果生长和花芽分化。

高温干旱常引起枝干和果实"日烧"（因阳光强射而导致局部灼伤），加重白粉病、叶螨、潜叶蛾等病虫危害。

怎样减轻高温对果树的危害

铲草松土，在夏秋高温季节应加强果园土壤管理，对园地全面铲草松土，将杂草埋入土中，以消灭与果树竞争水分和养分的杂草。

开沟施肥，增强土壤肥力，提高土壤孔隙率和含水率，以减少旱性和病虫害，有利于促进果树生长发育。施肥应以有机肥料为主，配施少量氮素化肥，加水浇施。

树盘盖草，用绿肥、杂草、稻草等覆盖树盘，覆盖厚度 10～15 厘米，应露出果树根颈部位，可有效地抑制土壤水分蒸发，降低地表温度，保护根系，也可保护表层土壤免遭雨滴的直接冲击，提高雨水的保蓄率。覆盖结束后，可将其翻埋入土，作有机肥。树冠喷 2% 石灰乳液，或在喷波尔多液时增大石灰量；树干涂白，反光降温，可预防"日烧"。

注意灌水，积极采取地面开沟或挖穴实施渗灌；傍晚或清晨进行树冠喷水，补充园地水分，改善园内小气候，确保果树正常生长发育。灌水时间宜在傍晚至早晨灌完为止，晴天一般每隔 7～10 天灌透水一次，遇雨停灌。经过灌水或浇水的措施，可以调节果树的体温和土壤的温度，有利于果树吸收土壤的水分和养分，增加果实维生素 C 和糖分的含量，安全度过高温季节。

另外，检查套袋果实，打开、增大通气孔，降低袋内温度，确保幼果生长发育。

2.2 暴雨、洪涝

2011 年以来，我国气候复杂多变，洪涝等灾害频发、多发、重发。国家防汛抗旱总指挥部办公室统计显示，截至今年 7 月 1 日，2011 年洪涝灾害已造成 27 个省区市农作物受灾面积 2598 千公顷，成灾 1159 千公顷，受灾人口 3673 万人，因灾死亡 239 人，失踪 86 人，倒塌房屋 10.65 万间，直接经济损失 432 亿元。而 2010 年因暴雨导致的洪涝灾害造成全国 2 亿人（次）受灾，1454.6 死亡，669 人失踪，1214.8 万人（次）紧急转移安置，1347.1 万公顷农作物受灾，其中 209 万公顷绝收，136.4 万间房屋倒塌，358.1 万间房屋损坏，因灾直接经济损失 2751.6 亿元。综合判断，2010 年的洪涝灾害损失为 21 世纪以来同期之最。

中国气象部门规定 1 小时内雨量大于等于 16 毫米，或 12 小时内雨量大于 30 毫米以上，或 24 小时内雨量大于等于 50 毫米的强降雨为暴雨。由于各地降水和地形特点不同，所以各地暴雨洪涝的标准也有所不同。特大暴雨是一种灾害性天气，往往造成洪涝灾害和严重的水土流失，导致工程失事、堤防溃决和农作物被淹等重大的经济损失。特别是对于一些地势低洼、地形闭塞的地区，雨水不能迅速宣泄造成农田积水和土壤水分过度饱和，会造成更多的地质灾害。

洪涝是怎么形成的

因持续大雨、暴雨或冰雪融化引起河流泛滥、山洪暴发、农田积水、低洼地区淹没和渍水，从而造成的洪灾和涝灾。海底地震、飓风和反常大浪、大潮以及堤坝塌陷等也都有可能造成洪涝灾害。

具体来说，洪涝的发生有自然和社会两个因素导致。

自然原因：

我国大部分地区在大陆季风气候影响下，全年降雨量，除新疆北部和湖南南部以外，绝大部分地区 50% 以上集中在 5～9 月。降雨时间集中，强度很大。如海河、黄河、淮河流域和长江中下游地区，24 小时暴雨量可达 400 毫米以上。

我国的大江大河南北支流汇入多，汛期江、河水猛涨，造成河流排水不畅。

中下游一般是平原地区，地势低平，流速慢，易形成洪涝。

社会人为原因：

一般而言，经常发生洪涝灾害的地区，为了发展农业，扩大耕地，修筑堤防，围湖造田，与水争地，从而洪水的排泄出路和蓄滞洪场所不断受到限制，自然蓄洪能力日趋减少和萎缩。

加上山丘区土地的大量开垦利用，与森林争地，破坏山林植被，导致水土流失，下游河床抬高，泥沙淤积，形成地上河，造成生态系统的破坏，增加了洪涝的发生几率。

由于人口膨胀，不断形成新的居民点和城市开发，农村城镇化等，都不断改变着地表状态，使洪水的产生和汇流条件不断发生变化，从而加重了洪涝的危害程度。

城市排水系统落后，布局不合理，降雨稍强就容易引起渍涝。

暴雨洪涝有什么危害

在各种自然灾害中，洪涝是最常见且又是危害最大的一种。由暴雨引起的洪涝淹没作物，使作物新陈代谢难以正常进行而发生各种伤害。淹水越深，淹没时间越长，危害越严重。

特大暴雨引起的山洪暴发、河流泛滥，不仅危害农作物、果树、林业和渔业，而且还冲毁农舍和工农业设施，并淹没农田，毁坏作物，导致粮食大幅度减产，从而造成饥荒，甚至造成人畜伤亡，经济损失严重，传染病流行。严重威胁人们的生产、生活和生命安全。

我国历史上的洪涝灾害，几乎都是由暴雨引起的，像 1954 年 7月长江流域大洪涝，1963 年 8 月河北的洪水，1975 年 9 月河南大涝灾，1998 年和 2010 年我国全流域特大洪涝灾害等都是由暴雨引起的。

洪水到来之前需要准备什么

根据当地电视、广播等媒体提供的洪水信息，结合自己所处的位置和条件，冷静地选择最佳路线撤离，避免出现"人未走水先到"的被动局面。

认清路标，明确撤离的路线和目的地，避免因为惊慌而走错路。

洪水到来之前，要关掉煤气阀和电源总开关，以防电线浸水而漏电失火、伤人。

听从乡、村干部或政府的组织与安排，进行必要的防洪准备，或是撤退到相对安全的地方，如防洪大坝上或是当地地势较高的地区。

洪涝来了怎样自救

预防住房发生小内涝，可因地制宜，在家门口放置挡水板、堆置沙袋或堆砌土坎，减少水的漫入，或是躲到屋顶避水。房屋不够坚固的，要自制木（竹）筏，搜集木盆、木材、大件泡沫塑料等适合漂浮的材料以便逃生，或是攀上大树避难。

如果被水冲走或落入水中，首先要保持镇定，尽量抓住水中漂流的木板、箱子、衣柜等物。如果离岸较远，周围又没有其他人或船舶，就不要盲目游动，以免体力消耗殆尽。

备足速食食品或蒸煮够食用几天的食品，准备足够的饮用水和日用品。

收集一切可用来发求救信号的物品，如手电筒、哨子、旗帜、鲜艳的床单、布缎、沾油破布（用以焚烧）等。及时发求救信号，以争取被营救，保存好尚能使用的通讯设备。

室外积水漫入室内时，应立即切断电源，防止积水带电伤人。

千万不要渡河逃生，以防止被山洪冲走；发现高压线铁塔倾斜或者电线断头下垂时，一定要迅速远避，防止直接触电或因地面"跨步电压"触电。

洪涝来了怎样救护他人

水上救护：

对神志清醒的溺水者，抢救人员应从背后接近，用手从背后抱住溺水者的头，另一只手抓住其手臂，游向岸边。对筋疲力尽的溺水者，抢救人员可从头部接近施救。要防止抢救人员被溺水者死死抱住而双双发生危险。

岸上救护：

迅速用手指抠出溺水者口、鼻中的污泥、杂草或呕吐物，以保证呼吸道畅通；使溺水者吐出吸入的水，立即进行人工呼吸，心跳停止者施行胸外心脏按压；湿衣服吸收体温，妨碍胸部扩张，抢救时应脱去浸湿的衣裤；进行人工呼吸后，若心跳恢复，应立即转运至医院抢救。

灾后如何防病

暴雨过后，我们重点要做好预防肠道传染病、食物中毒的发生，保护水源和饮用水的消毒，同时搞好环境卫生，消灭蚊蝇鼠害，把各种可能发生的疫情消灭在爆发、流行之前。

及时清理灾后垃圾，保持环境卫生，严防疾病发生和流行。

管好自己的饮食，吃熟食，不吃变质食品，剩饭剩菜要煮透后再吃，不喝生水。

讲究个人卫生，养成饭前便后洗手的好习惯。一旦发生呕吐、腹泻等症状，要及时到医院肠道门诊就诊。

洪涝对水稻有什么危害

水稻是喜水农作物，遍及南方地区，南方地区的降雨主要集中在梅雨和台风雨季节，而这两个雨季又恰好是水稻（早、晚稻）的生长期，经常会出现连续降雨或暴雨形成洪涝灾害，使水稻在生长期遭受不同程度的洪涝水淹浸，对水稻的生长影响因淹浸季节、淹浸水深、淹浸时间及温度高低等的不同而有所不同。

水稻受淹后，淹水的时间越长，损害的程度越大，减产越重。一般来说，洪涝期间没顶一昼夜的，稻苗生育基本不受影响；没顶2~3昼夜的，只要排水后补救措施跟上，产量也不会受到大的影响；淹没3昼夜以上，对产量有较大影响；受淹7昼夜以上，产量极低，甚至绝收。其产量损失主要表现在茎叶遭受破坏，幼穗死亡增加，幼穗颖花和枝梗退化增多，结实率降低，千粒重下降。

水稻在淹水天数相同的情况下，淹水越深，受害越重；淹水的温度愈高，对水稻的危害也愈大。淹水温度在25℃以下淹没4天，对生育和结实危害较小；如果水温在30℃以上淹没4天，危害就大，不易恢复，结实也不正常；温度若达40℃淹没4天，则受害严重，稻株枯死，颗粒无收。

怎样减轻洪涝对水稻的危害

涝前：

大力兴修水利，修建防洪工程，迅速提高农田的抗涝能力，这是防止涝害的根本措施。

要注意选用根系发达，茎秆强韧，株型紧凑的品种，这类品种耐涝性强，涝后恢复生长快，再生能力强。

在选用耐涝品种的同时，还应根据当地洪涝可能出现的时期、程度，选用早、中、迟熟品种合理搭配，防止品种单一化而招致全面损失。

涝后：

尽早开渠排水。田间积水尽可能早排，露田蹲苗，以改善土壤理化性状，排除有毒物质。但在排水时应注意，在阴雨天，可将水一次性排干，缩短禾苗顶部受淹时间，有利于秧苗恢复生长；但在高温烈日期间，不能一次性将水排干，宜逐步脱水，先让稻株上部露出水面，保留适当水层，使稻苗逐渐恢复生机，夜间脱水调气，日灌夜露，以利于水稻恢复生长。

及时洗苗扶苗。稻田遭遇洪涝灾害，水质浑浊，含大量泥沙、污泥吸附在叶片上，会堵塞气孔，影响呼吸作用和光合作用。在退水刚落苗尖时，要进行洗苗，洗去沾污茎叶的泥沙；退水后应把倒伏的稻株逐株扶正。扶苗时要小心，避免断根伤叶。

视灾情追肥。刚出水的稻田要在开沟露田的同时，结合灌浅水补追一次肥料。水稻受淹出水后，根、叶、蘖要尽快恢复生长，需要补充大量的营养元素与矿物质，加之原有稻田肥料流失较多，故追肥宜快，但受淹水稻根系吸收能力弱，不宜一次性重施肥。

综合防治病虫害。水稻受涝后，叶片损伤，增加了感病的机会，病菌易侵入稻株而发生多种病害，应加强田间病情检查。

抢时补种改种。对淹死的中稻和晚稻秧田，要在积极组织秧苗的调剂下，抓紧做好早稻翻秋工作，尽量补种水稻。如果通过鉴定稻茎已经枯死腐烂，则应立即改种秋玉米、秋甘薯、蔬菜等其他作物。

洪涝对小麦有什么危害

洪涝灾害对小麦的危害表现在造成土壤水分失调，影响作物正常生长。

秋天连阴雨导致光照不足，小麦被迫推迟播种，到播种时，由于播量加大，播种质量差；播种期和幼苗生长期雨水过多，土壤湿度过大易造成苗期湿害，容易导致烂根烂种，种子因缺乏氧气而霉烂。

春天连阴雨容易引起麦田渍害，造成小麦根系发育不良，吸肥吸水能力下降，植株萎靡，后期可能出现倒伏，严重受害的地块分蘖枯死，成穗率大大降低，有效穗数减少。

小麦灌浆期（5月10～25日）遇到洪涝，会造成土壤湿度过大，根系早衰，严重的会腐烂发黑，籽粒灌浆时期缩短，粒重下降，掉穗落粒，产量损失巨大。

由于麦田湿度大，病、虫、草害加重发生，易诱发赤霉病、锈病、白粉病蔓延，造成严重减产。

怎样减轻洪涝对小麦的危害

针对小麦受涝的具体情况，可按照小麦生长的不同情况采取不同的对策来防御。

改种补种。小麦秋天遇涝会推迟播种期，或造成一部分麦田废弃，需要重新补种或改种，这是灾后的一项重要措施。对苗期受涝而缺苗的地块，要立即设法补齐；有些麦田的大部分植株因涝而死，则要根据当地生长季节和热量条件，及早改种适当的作物。

开沟排水。受洪水浸泡的土壤，洪灾过后，要及时清理田内二沟和田外沟渠，迅速开沟排水，做到沟沟通畅，排水流畅，以降低地下水位，改善土壤通气状况，减轻有害物质的危害。

洗苗扶苗。退水后，洪水中的漂浮物，对植株会造成威胁，如不及时清除，易导致作物病虫害的蔓延。因此，必须尽快将其清理。当涝灾发生时，浑浊水层中的泥沙沉积在植株茎叶表面，妨碍叶片进行光合作用。因此，在水退时要利用退水洗苗并且把被虫歪的植株扶正，使其正常生长。

在小麦收获阶段遇涝，将对小麦的产量和品质造成很大影响。应选用早、中熟品种，适期早播，增施有机肥和磷、钾肥，促小麦早熟，以保证丰产丰收。

做好防治病虫害的工作。

洪涝对棉花有什么危害

洪涝灾害对土壤肥力有影响，土壤养分大量流失，肥力严重退化，导致棉苗个体瘦弱，群体偏小，生长发育严重不足。

渍涝使土壤缺氧，土壤闭气、板结，破坏了棉田水、肥、气、热的协调，土壤通透性能差。

使土壤理化性状发生变化，并产生有毒有害物质，阻碍棉花正常生长。

渍涝使棉花根系生长受阻、活力下降、吸肥能力变弱，叶片受损、出叶速度减缓，使棉苗光合能力强度降低，进而影响作物产量。

怎样减轻洪涝对棉花的危害

排水、降渍。突击降低外三沟水位，重点疏通和加深棉田内三沟。通过突击排水，清理三沟，排涝降渍，促进棉花灾后迅速恢复生长和增节、增蕾等。

松土、壅根。为改善棉田土壤透气和增温性能，要在排水后7～8天突击松土，加快棉苗恢复生长，松土、壅根是保肥、抗旱、排涝、降渍的有效措施，也可防灾抗倒，减少烂铃。

补肥、防衰。受渍涝影响，棉花根系吸肥能力差，肥料流失严重。受淹棉株应在萎蔫消除、根系吸肥能力开始恢复后及时施肥，增后劲、防早衰。

化调、提效。灾后化学调控对有旺长趋势的棉花很有效，一般亩用助壮素6～8毫升，控制旺长。调节养分向蕾铃输送，减少蕾铃脱落，提高单株有效果节数和有效成铃数。

查病、防虫。阴雨天气正是棉花枯萎病易发时期，对用药控后仍不能恢复生长的棉株，要立即带出棉田消毁，以免引起重复侵染危害。同时，注意棉盲蝽蟓、棉花缺素病的预防和控制。

迟打顶、多结桃。受淹棉株恢复生长后生育期推迟，应适当推迟打顶时间，一般比常年打顶时间迟6～7天。这样可以充分利用灾后棉花生长优势，增加果枝多结桃。

洪涝对蔬菜有什么危害

播种后遭遇暴雨冲击，种子被冲散至沟底或露于土表，造成缺苗；出苗后表上遭遇暴雨冲刷，根系露于空间，转晴后曝晒，菜苗萎蔫枯死。

暴雨洪水造成植株的物理损伤、作物抗逆性降低，高温高湿易诱发灾后病虫害的发生蔓延。

淹后，菜苗容易倒伏，洪水过后菜地土壤板结，易造成作物根系缺氧，根系吸收能力也大大减弱。

洪水过后土壤养分大量流失。

怎样减轻洪涝对蔬菜的危害

排涝、除渍。连续降雨之后，对蔬菜田块形成严重的涝害、渍害，严重影响蔬菜作物的生长发育。应及时理沟，保持田间厢沟畅通，保证水过畦干，田间无积水，防治作物根系渍水时间过长凋萎死亡。

松土、壅根。洪涝过后，植株出现叶片发黄，生长停滞现象，这时要加强田间管理，及时中耕松土，改善土壤通透性，使根系恢复生机；同时强根固体，增加根系的吸收水肥范围，提高作物的抗倒伏能力。

施肥、补种。水淹之后，菜苗长势较弱，土壤肥力流失较大，应及时增施速效肥料，适量追施磷、钾肥，叶菜类蔬菜以氮肥为主，薄施勤施，补足地力，促进苗情转化。瓜类、茄果类、豆类蔬菜应该氮、磷、钾肥配合使用。对受灾严重或绝收的菜田，可补播一批速生叶菜尽快恢复生产。

防虫、治病。水灾过后，田间土壤、空气湿度大，此时正值高温季节，真菌、细菌性病害发生严重。要抓住晴好天气，喷洒2～3次防治疫病和细菌性病害的药剂，选用高效、低毒、低残留农药，控制病虫害暴发流行，确保蔬菜质量安全。及时清除病株、病叶，减少病源，及时清除杂草，保持菜园清洁。

洪涝对果树有什么危害

洪涝灾害后果树早期容易出现裂果和落果，尤其是梨、桃等落叶果树早期更易出现落叶，还往往会导致二次开花和结果，严重影响第二年的产量。

受洪涝灾害影响，受淹果树根系易因缺氧而导致烂根死树。如柑橘树的吸收根从黄色变为黑色，直至死亡。而侧根和主根逐渐变软腐烂。同样，果树新梢卷缩、焦枯，叶片失绿、干枯或脱落，果实失水或脱落、开裂。

怎样减轻洪涝对果树的危害

排水、松土。降雨后要及时排除地面积水，以利土壤水分散发，降低土壤湿度，保持土壤干爽；待果园稍干，及时松土 6～10 厘米，恢复根系的通气条件，促进新根生长，低洼积水的应开沟排水通气。

修剪、断根。对受灾的果园，为减少枝叶水分蒸发和树体养分消耗，及时剪除过密枝、断枝、病虫枝等，要及时去叶去果，减少蒸腾量；对根系腐烂、落叶严重的树应回缩多年生枝，并适当断根换土促发新根。

防虫、治病。涝灾后的高温高湿，极易造成果树暴发脚腐病、树脂病等病虫害，同时易诱发螨类、蚜虫等虫害。退水后，要及时摘除树上病果、烂果，及时喷施杀虫、杀菌药剂。尽量用内吸性杀菌剂，可以除去前期潜伏在幼果和叶片中的病菌，且可以很快被果树吸收。

补肥、壮树。水淹后土壤肥料流失较多，肥力下降，同时根系受损，吸收肥水的能力较弱，不宜立即施肥。应根外追肥，结合病虫防治，多次叶面施肥，喷施 0.3% 尿素加 0.2%～0.3% 磷酸二氢钾于叶面，每隔 7 天左右一次，连喷 2～3 次。待树势恢复后，可追施尿素等速效性氮肥，以保证来年树体健壮。

2.3　干旱

旱！旱！旱！秧苗枯死、土地龟裂、人畜干渴。2010 年春季，西南 5 省区市（云南、广西、贵州、四川、重庆）遭遇世纪大旱，6130.6 万人受灾。这场少见的世纪大旱使农作物受灾面积近 503.4 万公顷，其中 40 万公顷良田颗粒无收，2000 万人面临无水可饮的绝境。这次旱灾给西南地区广大农村，特别是贫困地区造成了巨大损失，导致西南五省区市除四川之外，至少有 218 万人因旱返贫，还有 1600 多万人贫困程度加深，经济损失超 350 亿元。

2011 年 4 月以来，干旱继续肆虐，黄淮大部降雨偏少 2～5 成，江淮和长江中下游大部偏少 5 成以上，江南大部和华南、西南大部偏少 2～5 成，河湖水位持续偏低，水利工程蓄水不断减少，南方部分地区发生了严重的旱情。

干旱是怎样形成的

干旱从古至今都是人类面临的主要自然灾害。即使在科学技术如此发达的今天，它造成的灾难性后果仍然比比皆是。尤其值得注意的是，随着人类的经济发展和人口膨胀，水资源短缺现象日趋严重，这也直接导致了干旱地区的扩大与干旱化程度的加重。主要原因有：

一是降水方面的因素，降水量少，蒸发量大是形成干旱的直接原因。一般来说，降水量低于平均值就容易出现干旱。在我国季风气候区内，不同地区的降水季节变化是形成全国季节性干旱地区分布的基础。长江以南地区，由于夏季风来得早，去的晚，雨季早而且时间长，如 7、8 月雨量偏少，容易产生伏旱。华北、东北地区雨季在 6～9 月，春旱和春夏连旱特别严重。西南地区主要依靠西南季风带来的降水，11 月至次年 4 月为旱季。

二是水资源方面的因素。我国南方水多，耕地少，北方水少，耕地多。这种地区之间水资源的不平衡状况，是造成我国干旱灾害的重要因素。

三是社会经济方面的因素，主要是指近几十年来随着经济的发展，我国工农业生产、居民生活用水量的大幅提高。另外，江河水的污染导致大片水源因为污染无法饮用和灌溉；砍伐原生态林，使保水机制遭受破坏；江河上、中游修建水电站等开发，对河流的流域生态带来重大改变，上游对江水的蓄积，不仅让下游的河道干枯，也会使地下水位降低。

干旱对农作物有什么危害

干旱由于其发生频率高、持续时间长，影响范围广、后延影响大，成为影响我国农业生产最严重的气象灾害。

干旱对农业生产的影响和危害程度与其发生季节、时间长短以及作物所处的生育期有关。特别是在作物孕穗阶段出现的"卡脖子旱"危害较大。作物在孕穗期，对水分最敏感，如果出现干旱，常使作物生殖器官发育不良，空粒显著增加，造成粮食大幅度减产。据统计，近40年来全国农田受旱灾面积平均每年达3亿亩以上，约占全国受灾总面积60%，减产粮食数百亿斤。

干旱造成水资源不足，数月、数季乃至数年的连旱，江河水位下降，河湖库塘干涸，农业灌溉无水源可用，农田干裂，庄稼枯死，粮食油料等大量减产。

春旱往往造成早稻缺水耕田，多种作物不能及时播种，普遍形成晚播晚发。使春种作物缺苗断垄，生长发育后延，成熟期推迟，普遍变成晚茬作物，延迟果树的发芽时间和降低发育态势等。夏旱影响夏种作物的出苗和生长，影响早稻和春玉米正常灌浆及晚稻的移栽成活。秋旱会影响晚稻和其他秋收作物的生长发育和产量形成。冬旱影响冬种作物播种、出苗及其生长发育。

怎样减轻干旱对水稻的危害

不论是旱前还是旱后，加强水利工程建设，兴修水利始终都是抗旱的十分重要的措施。结合灌溉设施的改善和灌溉机械的使用，根据水稻的需水规律来进行灌溉，合理灌溉，科学用水，如用先进的喷灌、滴灌等节水灌溉技术，提高水的利用率；充分利用有效灌溉动力与水利设施，全力投入抗旱救苗、保苗。

注意防涝，受旱苗后期常遇涝灾，如同雪上加霜。因此要做到大雨早排，小水灌溉，开沟起垄，流水通畅，以防在土壤板结、根系较弱的情况下，影响作物根系呼吸，甚至造成窒息死亡。

优化农业产业结构，改进耕作制度，选育耐旱品种；用旱稻替代水稻。旱稻种植管理方式与小麦相似，耗水量仅水稻的1/5～1/3，灌水量仅是水稻的1/5甚至更少，推广旱稻的种植是解决水稻干旱的一个可能的途径。

受旱作物叶小，根弱，细胞老化，输导组织收缩，对养分吸收慢，利用率低。因此，要结合灌水增施速效肥料。复水后抓紧追施氮肥和复合肥，数量因苗而定，一般每亩用纯氮5公斤左右。如苗数不足，复水后叶片转色不明显，叶色仍偏黄，应增加用肥量，后期因苗施好穗粒肥。

加强病虫防治。水稻受旱后，生育进程都有不同程度推迟，复水施肥后叶色加深，需加强病虫防治，尤其是对纵卷叶螟、稻飞虱、三代三化螟及稻瘟病等病虫的防治工作，这里很重要的一条是：及时抓住卵孵高峰期至低龄幼虫阶段用药。

怎样减轻干旱对小麦的危害

小麦干旱灾害是我国麦区，尤其是北方冬麦区的主要农业气象灾害。

受干旱影响小麦生长表现为群体稀疏、植株矮小、分蘖较少、下部叶片发黄、孕穗抽穗提前，严重影响小麦正常结实。

应对干旱对小麦的危害，主要做到：

及时补水灌溉。灌溉不在中午进行，采用湿润灌溉技术，少量多次，不要大水漫灌，尤其是浇好麦黄水；对受害较轻的麦田，用秸秆、稻草、树叶等覆盖小麦行间土壤，努力减少土壤水分的蒸发损失。

合理栽培增强小麦抗性。喷施作物防旱保水剂（黄腐酸制剂），减少叶片气孔开放程度，抑制水分的蒸腾损失；酌情叶面喷肥，可每亩用尿素2~3公斤，兑水100公斤；或用0.3%的磷酸二氢钾溶液，即每亩150克磷酸二氢钾兑水50公斤等，叶面喷施，可以起到以肥济水，提高抗旱效果的作用。

植树造林。因为营造农田防护林，能改善农田小气候条件，减小风速、降低温度和增加湿度，起到减轻小麦旱灾程度的作用。小麦抗旱的根本途径是种草种树，改善生态环境，兴修水利，搞好农田基本建设。

病虫害的防治，选用抗病、耐病的优良品种，增施有机肥和磷钾肥，可促进小麦根系发育，提高抗病能力，有效减少病害发生，若能深翻土地效果更好，清除田边地头的杂草，破坏害虫的活动场所和栖息地，推广混配药剂拌种，防虫灭病。

怎样减轻干旱对玉米的危害

春旱、夏旱、伏旱对玉米生长发育都有影响，尤以夏旱影响严重。为了应对干旱给玉米生产带来的危害，农民朋友需要做到以下几点：

播种前，深耕土壤，增施有机肥，增加土壤蓄水保水能力。结合锄草、追肥，搞好中耕培土，保水，保墒；采用物理、化学方法抑制土壤、植物水分蒸发。如应用土面保墒增温剂、高吸水性树脂（也称吸水剂）、抗旱剂等。

合理灌溉，特别是保证需水临界期的水分需求。经常观察田间土壤墒情，根据天气预报和玉米生长需水规律，确定是否需要灌溉，根据条件需要选择灌溉的方式：沟灌、喷灌和滴灌。

选用合适品种，选用良种应根据当地自然条件和生产实际综合考虑。春旱年份和地区要注意选择苗期耐低温、种子拱土能力强、籽粒灌浆和脱水快、较抗旱的玉米品种。积极推广中早熟杂交玉米品种，中早熟杂交玉米品种可以在干旱来临前成熟，因而可避开干旱，达到稳产高产的目的。不同的品种适宜的地区会有所不同，农民朋友需要咨询当地的农技部门。

播种前进行种子精选和晾晒，保证种子发芽率。选晒种子要挑选均匀一致的，去掉不正常粒，播前晒种三天后进行种子包衣，提高发芽势、抗病性和出苗整齐度。

通过增施农肥、有机肥与化肥配合施用、增施钾肥等方法，从而达到以肥调水，使水肥协调，提高水分利用率。施用有机肥，不仅可以培肥地力，还能改善土壤物理环境，提高土壤持水保墒能力。增施钾肥能通过减少植株蒸腾损失来提高水的利用率，增强作物自身的抗旱力。

及时治除病虫害，干旱导致喜旱性病虫玉米红蜘蛛、草地螟、玉米大斑病等的发生态势。农业防治，铲除田间杂草，清除残株败叶，及时剪掉下部有虫叶片，集中烧毁或深埋。有条件的地方可通过浇水减轻危害。化学防治：针对红蜘蛛，在初发阶段用40%乐果乳剂1000克加20%三氯杀螨醇1000克，对水1000公斤配成混合液进行喷雾，亩用水量应保持在60公斤左右，喷洒要周到，植株上下部叶片，叶背面均要喷到；针对草地螟，在幼虫危害期喷洒50%辛硫磷乳油1500倍或2.5%保得乳油2000倍液。

防治大斑病，可在发病初期每公顷喷施50%多菌灵或25%粉锈宁1500克，可同时喷施磷酸二氢钾、尿素等叶面肥。药剂要连续喷施2~3次，每隔10天一次。

怎样减轻干旱对果树的危害

在旱季，果树体内水分收支失去平衡，发生水分亏缺，茎和叶片的生长速率降低，引起花蕾脱落和落果现象，严重者全株死亡。干旱还会引起果树生理性病害，所以干旱对果树种植来说是一种严重的自然灾害。为了减轻灾害，需要做到：

在高温来临之前，用地膜或作物秸秆、土杂肥等覆盖在根系周围的土壤上，以抑制土壤水分蒸发，提高根际土壤含水量，减低地表温度，保持土壤疏松，增强抗旱能力。

降温抗旱，采用先进的喷灌、滴灌、地下水灌溉等节水灌溉技术，还可喷雾降温，在高温出现前1~2个小时，在果园进行喷雾，使果树机械降温，防日灼；在用水降温的同时，有条件的可结合喷施抑蒸剂，减少叶片的蒸腾作用；使用植物抗旱剂，使土壤水分聚合在根系周围，增强根系对深层土壤的吸水能力；还可以在树冠外围挖深40~60厘米，直径30厘米的灌水孔穴（幼树3~4个、大树6~8个），在每个穴中放入吸湿剂20克后再灌入肥水，可有效减少土壤水分蒸发，也可把水分或雨水长期保留下来，供果树吸收。吸湿剂还能防止土壤板结，有利于根系呼吸生长发育。

合理修剪，对旺长树，冬剪时应尽量少短截，以缓和树势，减少营养生长对水分的大量消耗；对衰弱树，应适当回缩，使树势、枝势健壮，增强树体的抗旱能力。在果树生长期，及时摘除多余的萌芽，疏除多余的枝条，并对徒长枝、旺长枝进行疏除或短截、摘心，以减少枝叶数量，减少水分蒸腾量。

加强防治和预防病虫害，特别是 7～9 月份正是果树上潜叶蛾、红蜘蛛、黑星病等多种病虫害的危害盛期，此时需用"多菌灵、甲基托布津、大生 M－45、扑海因、毒死蜱、扫螨净、阿维菌素、三唑锡"等化学药剂防治，以防病虫害的发生和危害，避免引起早期落叶，使树势尽快恢复。

怎样减轻干旱对棉花的危害

长期干旱，特别是夏、秋季干旱，土壤水分蒸发较多，使棉株体内水分平衡系统失衡，棉株体内代谢活动遭到损害，导致棉花受旱减产。抗旱增产，我们要做到：

选择适合当地的耐干旱及抗病虫的品种。干旱条件下，棉株一般具有生长慢、株矮节密枝短、株型紧凑的特点。在旱季，要选用抗逆性较强的杂交棉品种，适当加大种植密度，以提高播种质量，确保早出苗、出全苗，出壮苗。

控制、减少水分蒸发量，一是建造农田防护林，改善农田小气候环境，削弱风速，提高空气湿度，降低棉花冠层温度，减少地面蒸发；二是中耕松土，利用稻草、秸秆等覆盖地面，以切断土壤毛细管，增大水的渗透量，减少水分浪费，同时还能保墒防旱，增肥调温。

兴修水利设施，改善棉田生态环境，提高棉田排灌能力；改进灌溉方法，不要大水漫灌，以小水沟灌为宜，细流浸灌，因地制宜采取滴灌、喷灌、引水等措施，达到节水和抗旱降温的作用；引水抗旱前，可先追施尿素，做到以水调肥。

进行肥水管理并及时用药，防治好棉铃虫、棉蚜和红蜘蛛等。

怎样减轻干旱对蔬菜的危害

蔬菜是需水量较大的作物，长时间的干旱，会抑制蔬菜作物的光合作用和呼吸作用，影响蔬菜植株体内物质代谢，破坏植株体内激素平衡，导致叶片衰老和脱落，严重影响蔬菜的正常生长发育。抗旱措施：

选择抗旱品种，秋植的叶菜、豆类、瓜类等蔬菜都是一些抗旱能力较强的品种，在茬口布局上，选择耐高温耐干旱、抗病的蔬菜品种，如小白菜、苋菜、旱芹菜、冬瓜、丝瓜、豇豆等。

应用遮阳网防高温、干旱，遮阳网能降低温度，减少水分蒸发，有效地改善夏秋高温季节作物生长环境，达到稳定增产目的。

合理利用水资源，修建小型蓄水池，有条件的可引水灌溉、挑水浇灌或抽水机灌；特别是微滴微喷技术能有效减轻干旱对蔬菜生产的影响，抗灾保菜；能省工、省力、节水；还能增湿、降温，改善田间小气候，调节土壤水、肥、气、热状况，促进蔬菜生长。

加强肥水管理，增施有机肥、磷钾肥，提高土壤肥力，以增强土壤保墒力，使用腐熟有机肥和生物肥料，并及时采收商品菜，增强植株抗逆性，提高抗旱能力。

病虫害综合防治，采用水旱轮作、瓜类与葱蒜类轮作等多种轮作方式，改良土壤，杀灭土传病虫害；运用杀虫灯、性诱剂、防虫网、印楝素等物理生物技术防治小菜蛾、斜纹夜蛾等高温型害虫，不能使用禁用农药，要选用生物农药和高效低毒低残留农药，确保蔬菜产品质量安全。

2.4　沙尘暴

据统计，20世纪60年代特大沙尘暴在我国发生过8次，70年代发生过13次，80年代发生过14次，而90年代至今已发生30多次，并且波及的范围愈来愈广，造成的损失愈来愈重。仅2010年3月就发生了3次严重的沙尘暴灾害。

2010年3月12日，新疆和田地区今年首次发生强沙尘暴，部分县市出现黑风，一些当地群众称最严重时能见度几乎为零；2010年3月19日18时，新疆南疆盆地北部和东部、青海中北部局地、甘肃中部、宁夏北部、陕西北部、内蒙古中西部、河北西北部出现扬沙或沙尘暴天气，其中内蒙古额济纳旗、海力素、临河、乌拉特中旗及青海冷湖出现能见度不足 500 米的强沙尘暴。

2010 年 3 月 31 日上午，内蒙古中东部锡林郭勒、赤峰、通辽部分地区出现沙尘天气，局部地区发生沙尘暴，能见度低于 1 公里。本次沙尘天气过程影响范围包括内蒙古中东部、河北北部和东北地区西部 4 省区 60 个旗县，受影响土地面积约 60 万平方公里，受影响人口约 1800 万，受影响耕地面积约 450 万公顷、经济林地约 6.8 万公顷、草地约 3500 万公顷。

沙尘天气造成的土壤失墒将不利于农作物的播种，沙尘对城市交通也会造成一定影响，同时使空气质量下降，影响人民群众的日常生活。

沙尘暴是怎么形成的

导致沙尘暴的原因很复杂，有利于产生大风或强风的天气形势，有利的沙、尘源分布和有利的空气不稳定条件是沙尘暴或强沙尘暴形成的主要原因；干旱少雨，天气变暖，气温回升，是沙尘暴形成的特殊的天气气候背景；沙尘暴的发生还和大气环流有关。沙尘暴发生不仅是特定自然环境条件下的产物，而且与人类活动有对应关系。我国西北、华北地区土地大量开垦，草原过度放牧，人为破坏自然植被，形成了大量裸露、疏松土地，形成大面积沙漠化土地，直接加速了沙尘暴的形成和发育。

沙尘暴对人类有什么危害

沙尘暴天气是我国西北地区和华北北部地区出现的强灾害性天气，可造成房屋倒塌、交通供电受阻或中断、火灾、人畜伤亡等，污染自然环境，破坏作物生长，给国民经济建设和人民生命财产安全造成严重的损失和极大的危害。

沙尘暴肆虐时，大风使地表蒸发强烈，驱走大量的水汽，空气中的湿度大大降低，使人口干唇裂，鼻腔黏膜因干燥而弹性削弱，防病功能下降，空气中的病菌就会乘虚而入。

与一般风暴相比，沙尘暴除了大风之外，还混有大量的细微粉尘、细菌和病毒以及其他一些对人体有害的物质，空气质量特差，使得一些呼吸道本来就不健康的人出现干咳、咳痰、咳血症状，并引起支气管炎、肺炎等疾病。

沙尘暴还以风沙流的方式造成农田、渠道、村舍、铁路、草场等被大量流沙掩埋，加剧土地沙漠化，对生态环境造成巨大破坏，人们的生产、生活受到严重影响。

沙尘暴天气，狂风裹夹的沙石、浮尘到处弥漫，携带的大量沙尘遮天蔽日，天气阴沉，能见度极低，对交通运输造成严重威胁；甚至，携带细沙粉尘的强风摧毁建筑物及公用设施，吹倒或拔起树木、电杆，危及人畜的生命安全。

沙尘暴对农牧业有什么危害

沙尘暴尤其是特强沙尘暴爆发时，狂风袭击、降温霜冻，撕毁农民塑料温室大棚和农田地膜，使大片农田的沃土、种子和幼苗受到沙埋或被刮走，或者农作物受霜冻之害，致使有的农作物绝收，有的大幅度减产。

沙尘暴不仅刮走土壤中细小的黏土和有机质，而且还把带来的沙子积在土壤中，使土壤肥力大为降低。

沙尘暴轻则使植物叶面蒙上厚厚的沙尘，光合作用减弱，且影响呼吸，降低作物的产量，重则苗死花落。

沙尘暴使地表层土壤风蚀，风蚀深度可达 1～10 厘米，大片农田、草原、草场林地沙化，在一些沙化严重的地区，已是寸草不生，赤地千里，当地牧民只好迁移，寻找新的居住地。

土地沙漠化对农业危害至深，它使可利用土地面积缩小，生产力衰退，农业产量下降；毁坏水利设施，流沙进入水库，影响发电、防洪、灌溉，从而影响农业；降低草场质量，影响畜牧业的发展。

沙尘暴轻者可使大量牲畜患呼吸道及肠胃疾病，严重时将导致大量"春乏"牲畜死亡；所到之处使牧草根系外露，刮走草籽和幼苗，造成当年畜牧业减产。

怎样减轻沙尘暴的危害

日常生活中的防范：

做好防风防沙准备，关好门窗，待在室内，不要外出，特别是抵抗力较差的人更应该待在门窗紧闭的室内。

如果必须在室外时，最好使用防尘、滤尘口罩，以免沙尘吸入体内，以免沙尘对眼睛和呼吸道造成损伤；一旦尘沙吹入眼内，不能用脏手揉搓，应尽快用流动的清水冲洗或滴几滴眼药水，不但能保持眼睛湿润易于尘沙流出，还可起到抗感染的作用。

注意尽量少骑自行车，刮风时不要在杂物堆、临时搭建物和老树下逗留，如果是危旧房屋，应马上转移避险。

田间劳动应及时停止，趴在相对高坡的背风处，或到安全地方暂避，绝对不要乱跑。

农田、作物的防范：

在沙尘暴预警发布后至大风刮起之前，对农作物、经济作物及时浇水灌溉，保有足够的水分抵御干燥的沙尘风暴；加固育苗和蔬菜大棚，减轻灾害。

选用抗风良种，推迟中耕，根据沙尘暴爆发的一般风向规律，播种行与盛行风向垂直，以减少农田起尘和增强作物抗风能力。

灾害发生后，及时清除作物、蔬菜和果树叶面上的沙尘，以恢复植物的光合作用，增强生命力。

由于沙尘暴中的尘埃主要来源于正在沙化的土地和裸露的农田，所以要加强农田春季覆盖，提高作物秸秆的留茬量，冬春免耕，实施覆膜种植，减少尘源；实行绿色覆盖，有条件的地块应尽量种植冬小麦等植物，冬小麦是一种很好的防风固土的农田覆被植物，春季田间有植物覆盖，可减少农田扬尘。

杜绝滥垦、滥牧、滥采等破坏行为，遏制沙地活化，建设林草植被，保护沙区植被，坚持宜乔则乔、宜灌则灌、宜草则草；采取退耕还林（草）措施，遏制新的沙化形成。对粮食产量低而不稳、不适宜耕种的坡耕地、沙化耕地进行有计划地退耕还林还草。

发展水利，扩大灌溉面积，增施肥料，改良土壤；营造防护林，降低风速，减弱并阻挡风沙，保护农田和草牧场免受风沙危害。

2.5 雷电

位于湖南溆浦县葛竹坪镇的山背村，紧邻虎形山，一片田园风光。然而，这个村庄并未因景色宜人而闻名，却因雷击的常常光顾而广为人知。20多年来，全村先后200多村民遭雷击，死亡11人。现在，雷电一来，全村人的神经立即紧绷。

村民舒某说："2007年10月10日下午2时许，父母都在二层楼房的楼顶收萝卜干。半个小时后，天空突然一声巨响，一道闪电划过，楼上传来一声闷响。"舒某的大儿子告诉记者，当他爬上楼梯时，见父母倒在地上，就用手去拉母亲，这时，又一道雷电击来，他浑身一麻滚到二楼楼梯间上，左手被烧得发黑。

幸运的是，他们一家三口事后都被抢救了过来。像这样的雷击事件村子里已经数不胜数了。由于频频发生雷击事故，村民真有点谈"雷"色变。白天打雷下雨的时候，村民不敢外出；晚上打雷时，村民不敢开电灯、看电视和打电话。据山背村民统计，自1976~2000年有记录的雷击事件就有300多次，其中200个村民受伤，11人死亡。

雷电是怎么形成的

雷是自然现象中的一种，天空中带不同电的云，相互接近时，产生的一种大规模的放电现象，雷电是伴有闪电和雷鸣的放电现象。闪电的极度高热使沿途空气剧烈膨胀，空气移动迅速，因此形成波浪并发出声音。闪电距离近，听到的就是尖锐的爆裂声；如果距离远，听到的则是隆隆声。

雷电是雷雨云产生的一种强烈放电现象，其电压高达 1 亿 ~ 10 亿伏特，电流达几万安培，同时还放出大量热能，瞬间温度可达 1 万摄氏度以上，此能量可摧毁高楼大厦，可劈开大树以及击伤人畜。仅 2006 年，全国就发生 19982 起雷电灾害，其中雷击伤亡事故 759 起，全年因雷电灾害造成的直接经济损失超过 6 亿元人民币，危害巨大。

哪些地方容易发生雷击

因为农村地域空旷，不少地方易遭受雷击：

烟囱，因为烟囱冒出的热气比一般空气易于导电，另外，烟囱总是处在相对高处，容易遭受雷击。

收音机天线、电视机天线和屋顶上的各种金属突出物，如金属晒衣架等。

孤立、突出在旷野的建（构）筑物，高耸突出的建筑物，如水塔、高楼等。

空旷处的孤立房屋、大树，湖泊沼泽、低洼地区、地下水位高或有金属矿床等地区的建筑物，河岸、地下水出口处、潮湿的地方、河边、海边、湖边、水田边、鱼塘边、山坡与稻田接壤处等。

内部经常潮湿的房屋也容易遭受雷击，如牲畜棚等。

山顶、山坡迎风面、山谷风口。

太阳能热水器如何防雷

随着人们生活水平的提高，太阳能热水器以其省电、节能、环保的优势正日益受到广大农民朋友的青睐。但目前太阳能热水器大多装在楼顶，往往超过了建筑物上原有防雷装置的高度，使其完全暴露在雷电直击的范围内。由于屋顶太阳能热水器内置有电加热电源线和传感信号线直通室内，一旦遭受雷击，这些"出头"的热水器将首当其冲地"挨打"。雷电流将通过热水器的管道、电源线和信号线直接进入用户室内，轻则导致热水器和家用电器烧毁，重则出现爆炸、火灾或人员伤亡等。

那么太阳能热水器应当如何防雷呢？

应在离热水器3米远处加装高出热水器顶部1.5米的避雷针，使太阳能热水器在避雷针的保护范围内，并做好接地，以防雷击。

从楼顶引入室内的太阳能热水器电源线、信号线、水管均应采用金属屏蔽保护。

应在漏电保护开关后端加装电涌保护器，并做好接地，以防感应雷击和雷电波侵入。

树立防雷意识。建议在打雷时避免使用太阳能热水器，拔掉电源插头，尽量少接触水管、龙头，以防万一。

太阳能热水器和防雷设备的安装，都要专业人员和有防雷施工资质的单位施工。

怎样预防球型雷

球状闪电俗称滚地雷，强雷暴时出现的外观呈球状的一种奇异闪电。

预防球型雷的主要方法是关闭门窗，防备球型雷飘进室内；如果球型雷意外飘进室内，千万不要跑动，因为球型雷一般跟随气流飘动。如果在野外遇到球型雷，也不要动，可小心拾起身边的石块使劲向外扔去，将球型雷引开，以免伤及自身和他人。

什么是雷击伤

春夏季节雷电灾害频发，如果这个时候我们冒着雷雨行走或在破裂电线旁，易被雷击，行走时衣服被雨淋湿时，更容易被雷击，如果身上带有金属物（刀具、手机等）行走，开着手机甚至打手机，极易引起雷击。

雷击伤是指一定量的电流或电能量通过人体，引起局部或全身各脏器的损伤。当人被雷直接或间接击中时，其症状表现为：皮肤被烧焦，骨膜或内脏被震裂，心室颤动，呼吸肌麻木，心跳停止等。

对雷击伤者如何救护

通常被雷击中的受伤者,心脏不是停止跳动,就是跳动速率极不规则,发生颤动,但往往这是一种雷电"假死"的现象,此时,应采取紧急措施进行抢救。

若伤者神态清醒,呼吸心跳均自主,应让伤者就地平卧,严密观察,并暂时不要让伤者站立或走动,防止继发休克或心衰。

呼吸停止、心搏存在者,应让其就地平卧,解松衣扣、腰带等,使气道通畅,并立即进行口对口人工呼吸。

心搏停止、呼吸存在者,应立即作胸外心脏按压人工呼吸。

若发现伤者心跳、呼吸均已停止,应立即同时进行口对口人工呼吸和胸外心脏按压等人工呼吸措施。

若伤者遭受雷击后引起衣服着火,此时应叫伤者马上躺下,以使火焰不致烧伤面部,并迅速往伤者身上泼水,或用厚外衣、毯子等把伤者裹住,以扑灭火焰。

电话求救,及时拨打120,送医院急救。千万不可因急着运送去医院而不作抢救,否则会贻误病机而致死。

怎样防范雷击灾害

如何才能避免或减少雷击伤亡,保障自己的生命安全呢?对于个人和家庭而言,首先要多了解防雷知识,增强防雷意识,积极采取预防措施,避免雷电击伤人。

室内避险:

注意关闭门窗,因为在打雷时,可能会出现球雷即球状闪电,球雷会沿建筑物的烟囱、窗户、门进入室内,在室内运动数秒钟便逸出,逸出时易引起爆炸。

不要打电话,更不能使用手机。

在雷击时不宜接近建筑物的裸露金属物,如暖气片、自来水管、下水管等,更应远离专门的避雷针引下线。

雷雨时,应立即关掉室内的电视机、收录机、音响、空调等电器，以避免产生导电。打雷时，在房间的正中央较为安全，切忌停留在电灯正下面，忌依靠在柱子、墙壁边、门窗边，以避免在打雷时产生感应电而致意外；

切勿接触天线、电源线、电话线、广播线、铁丝网、金属门窗、建筑物外墙、远离电线等带电设备或其他类似金属装置；

有雷电时，冲凉用的花洒也会成为一个"杀手"，现在家装的太阳能热水器一般都装在屋顶，一旦雷电袭击，不仅室外的热水器会遭损坏，电流更会通过花洒和其他水管、电线等引入室内而伤及人身。

室外避险：

电闪雷鸣时，不要收晾晒在铁丝上的衣物，铁丝也是导电体，一旦打雷，后果是不堪设想的；

在雷电交加时，感到皮肤刺痛或头发竖起，是雷电将要击中你的先兆，这时应立即蹲下，双脚并拢，双臂抱膝，头部下俯，可避免雷击；

打雷时，应迅速到就近建筑物内躲避；无处躲避时，要将手表、眼镜等金属物品摘掉；蹲下防雷击或在低洼处躲避；

不宜在水塘、湖泊、海滨游泳；

不宜开摩托车、骑自行车，雷雨天，不仅人体本身是导体，室外行驶的摩托车和自行车也是导体；

不能在大树下、电线杆附近躲避，大树容易引雷，当电流特别大时，一旦雷电击伤大树，躲雨的人也会跟着遭殃；

在空旷场地不要用金属柄雨伞，不宜把金属工具如铁锹、锄头等扛在肩上，应暂时把它们丢在地上或放在远一点的地方；

不能在楼（屋）顶、山顶、高丘地带、牧场草地、农田、菜地、果园等开阔地停留，应尽快躲在低洼处，尽可能找房屋或干燥的洞穴躲避，但是在空旷地方的孤立房屋，如果没有防雷装置，更易遭雷击，因此不要进入这样的房屋躲雨；

雷雨天气尽量不要在旷野里行走，如果有急事需要赶路时，要穿塑料等不浸水的雨衣；适当小步慢走，不要骑在牲畜上行走。

2.6　大雾

2010 年 12 月 13 日上午 8 点 40 分，一场突如其来的"坨坨雾"袭击了成都绕城高速文家场至双流路段，能见度不足 5 米。浓雾让司机难辨东西，短短数小时里，该路段 7 个地点接连发生 52 起追尾交通事故。据交管部门统计，共计 137 辆车连环追尾，并不同程度受损。9 人在事故中不同程度受伤。

大雾是怎样形成的

一般来说，秋冬早晨雾特别多，如果地面热量散失，温度下降，空气又相当潮湿，那么当它冷却到一定的程度时，空气中一部分的水汽就会凝结出来，变成很多小水滴，悬浮在近地面的空气层里，这就是雾。它和云都是由于温度下降而造成的，雾实际上也可以说是靠近地面的云。

这样说来，雾既不是从天而降，也不是自地而出，是空气中凝结的水汽。不过它与天上和地面的温度、湿度都有着密切的关系。特别在秋冬季节，由于夜长，而且出现无云风小的机会较多，地面散热较夏天更迅速，以致使地面温度急剧下降，这样就使得近地面空气中的水汽，容易在后半夜到早晨达到饱和而凝结成小水珠，形成雾。秋冬的清晨气温最低，便是雾最浓的时刻。

大雾有什么危害

雾是有不少危害的。这当中除了我们都知道的对交通出行的严重影响外，其引起的大气污染对人体健康的危害更不可低估，也对农作物的正常生长带来不利影响。

雾有较强的吸附性，雾滴在低空飘移时，不断与尘埃、机动车辆排出的废气和空气中存在的二氧化碳、病原微生物等污染物碰撞，使污染物积聚，且得不到扩散、稀释，让雾的有害成分大增。人在呼吸了污染雾后，使鼻炎、咽炎、支气管炎、肺癌发病率明显增多。因此，浓雾天气，我们应尽量减少外出，如果必须出门，最好戴上口罩，并口含一些润喉的药物，回来后及时洗脸，并清洗裸露的肌肤。

雾对农作物危害也很大，在农作物、水果、蔬菜生长过程中粘附上有害雾滴，不仅会使果实蔬菜长上斑点，而且能促进霉菌的生长，出现一些病害。如大雾造成的低温环境导致黄瓜、番茄等蔬菜叶片下垂，叶片整个变黄色，植株生长缓慢，黄瓜花打顶，番茄发生黄顶病，畸形果增加。光照不足的环境导致蔬菜过早衰弱，落花落果增加。有专家介绍，某些农作物在扬花或生长期，遇上持续的雾天，可造成1~3成的减产。

怎样减轻大雾对大棚蔬菜的危害

雾天往往伴随着低温、高湿、寡照，对大棚蔬菜的生长极为不利，且容易诱发各种病虫害，农民朋友须密切关注天气情况，根据预报因天、因物制宜，及时调整大棚内的温度、湿度以及光照等条件，切实加强管理。

人工增温。加厚墙体，挖防寒沟，利用增温塑料薄膜和保温性能较好的草苫子，温室内利用无纺布进行双层覆盖；遇到持续阴雾天气，覆盖物要适当晚揭，且揭开后注意观察温度变化，如果稍有下降，应随揭随盖；连续阴、雾天后骤然晴天，揭去覆盖物后要注意观察秧苗变化，发现萎蔫，立即盖上，恢复后再揭开，萎蔫再盖上，如此反复，经过2~3天，即可转入正常管理。

改善光照条件。一可以提高温室的高度，增加日光入射率；二是加强对大棚覆盖物的管理，保持棚膜清洁，增加进光量；三是由于大雾天气仍有散射光可供蔬菜利用，所以只要温度条件许可，仍应及时在中午温度升高的时间段，对棚室采取通风降湿，揭开草苫子让蔬菜见光，防止长时间在黑暗环境中捂黄叶片；四是必要时也可用40瓦的日光灯三根合在一起，挂在离苗45厘米处，或用100瓦的高压汞灯挂在离苗80厘米处进行人工补光。

及时防治病害。大雾天气棚内湿度非常高，此时尽量不要浇水，防治棚内湿度进一步增加，导致病害发生；如果病害已发生，尽量采用烟雾法或粉尘法施药；在喷药时，加入磷酸二氢钾的0.2%液和有机钙、锌、铁等叶面肥，补充植株的钾、钙素等供应，解决根系吸收障碍，防止植株因此导致的病症发生；

补充营养。对于长势较弱的大棚蔬菜，可喷施1~2次营养性叶面肥，以解决营养不足的问题；寒冬每20天喷施芸薹素——硕丰481的10000倍液一次，增强植株抗寒力，促进根系的生长发育。

2.7 冰雹

2008年5月3日15时30分，河北衡水阜城县、景县两地遭遇了几十年不遇的冰雹灾害的袭击，当地万亩瓜田和棉田损失惨重，近乎绝产。

下午3时15分左右，人们正在瓜田里干活，突然，狂风大作，空气中顿时充满了沙土粒。15时20分，大雨中夹着冰粒随风撒了下来，有像乒乓球一样大小的，甚至有鸡蛋大小的冰雹劈里啪啦地砸在了瓜地里。瓜农们面对突如其来的冰雹，扔下手中的活，拼命往家跑，脑袋上都砸出了包，护住脑袋的胳臂也被冰雹砸得青一块紫一块的。

这场灾害持续了24分钟，地里的大棚被风刮倒了一片，还有十天左右便可上市的西瓜，也被砸得成了"蜂窝煤"。瓜农辛苦架起来的拱棚要么被大风刮跑了，要么被冰雹砸得一片狼藉，铺了没多久的棉花地膜也被冰雹砸得千疮百孔，成了"筛子"。

据了解，两小时的降雨和20多分钟的冰雹，使景县梁集镇25000亩左右的棉田绝产，8000亩左右的麦田被毁。阜城县漫河乡受灾面积达35000亩，25000亩瓜田遭到毁灭性打击，造成直接经济损失3642万元，全部损失达1亿元之多。

怎样预测雹害的发生

中国劳动人民在长期与大自然斗争中根据对云中声、光、电现象的仔细观察，在认识冰雹的活动规律方面积累了丰富的经验：

一是感冷热。下雹季节的早晨凉，湿度大，中午太阳辐射强烈，造成空气对流旺盛，则易发展成雷雨云而形成冰雹。

二是看云色。雹云的颜色先是顶白底黑，而后云中出现红色，形成白、黑、红的乱纹云丝，云边呈土黄色；在冰雹云来临时，天空常常显出红黄颜色。

三是听雷声。雷音很长，响声不停，声音沉闷，像推磨一样，就会有冰雹，所以有"响雷没有事，闷雷下蛋子"的说法。

四是观闪电。一般雹云的闪电大多是横闪，而下雨云则是竖闪。

各地群众还观察到，冰雹来临以前，云内翻腾滚动十分厉害，有些地方把这种现象叫"云打架"。

冰雹对农作物有什么危害

冰雹是春夏季节一种对农业生产危害较大的灾害性天气。它来势凶猛，虽然一般持续的时间较短，范围也较小，但危害性、破坏力却极大，并常常伴随着狂风、强降水、急剧降温等阵发性灾害性天气过程。

由于冰雹是一种固体降水，体积大，质地坚硬，量重，所以冰雹从高空积雨云中降落到地面时打击力很大，使农作物的叶片、茎秆等直接遭受机械损伤；冰雹的危害决定于雹块大小、持续时间、作物种类及其发育阶段，大的冰雹袭击猛或下雹时间较长，农作物受害就重；

冰雹落地后，会在地面积压，又会造成土壤板结，同时由于冰雹内的温度在0℃以下，还会使作物受到冻害。冰雹多发生在农作物生长旺盛的温暖季节里，这时的农作物是不耐低温寒冻的，因此雹灾严重时使地温骤降，冻伤农作物，重则可造成绝收；

　　豆类、棉花等双子叶作物较禾本科作物受害重。处在开花期或成熟期的作物较处在幼苗期受害重，甚至能造成毁灭性的伤害。果树林木遭到雹灾，当年和以后的生长均受影响，受到创伤还易发生病虫害。

怎样减轻冰雹灾害

　　由于雹灾对农业生产影响很大，所以防御雹灾有重要意义。为减轻雹害，可采取多种措施。

　　在多雹季节，注意收听收看当地的天气预报，了解天气变化趋势，做好防雹准备，届时采取应急措施，如覆盖温室，把牲畜赶回圈内等；

　　条件允许的话，当得知冰雹来临时，在重点作物或关键作物上搭设防雹棚或防雹罩使作物免受危害，效果十分显著；对于成熟的作物应及时抢收；

　　在雹灾较多地区，种植抗雹和恢复能力强的农作物；如玉米、谷子等，这些作物虽受雹害但易于恢复生长；选种土豆、花生、甘薯等根块类作物，使冰雹无法发威；合理安排农业生产，使农作物的主要生育期与多雹期错开；当作物受灾后，要加强田间管理，如及时培土、中耕、浇水、施肥，精心管理，使作物尽快恢复生长；

　　雹灾发生后，如果受灾作物还能恢复生长，应立即增加肥力，提高地温，或用水灌溉使冰雹尽快化掉。在作物损伤较为严重的地块，应移植生长期短、早熟的作物，或补种菜类，用以减轻冰雹所带来的损失。

　　采取有利的农业技术措施预防冰雹，根据冰雹出现的季节，使作物收获躲过冰雹的危害。如收获期的小麦易受雹灾，在种植措施上，应考虑适时早播，或种植早熟品种，使之提前收获，躲过降雹季节；

　　另外，在多雹灾地区降雹季节，我们下地应随身携防雹工具，如竹篮、柳条筐等，届时能用于保护头部，并尽快转移到室内，以减少人身伤亡。当冰雹来临时，要迅速在最近处找到带有顶棚、能够避雷防雹的安全场所，防止冰雹的袭击。

2.8　寒潮

　　2010 年 1 月，新疆阿勒泰、塔城等地连续多次遭受了强冷空气袭击，出现了 60 年一遇的寒潮暴雪灾害，降雪持续时间之长、降雪量之大、积雪之厚、气温之低，历史罕见，给群众生活、交通运输、农牧业生产带来巨大影响。

　　据统计，截至 2010 年 3 月 10 日，持续的寒潮共造成新疆188.3 万人受灾，其中死亡 30 人，失踪 3 人，农牧业经济损失达26.6 亿元人民币，因灾死伤牲畜达 17.5 万头。

寒潮是怎样形成的

　　位于高纬度的北极地区和西伯利亚、蒙古高原一带地方，一年到头受太阳光的斜射，地面接受太阳光的热量很少。尤其是到了冬天，太阳光线南移，北半球太阳光照射的角度越来越小，因此，地面吸收的太阳光热量也越来越少，地表面的温度变得很低。由于北极和西伯利亚一带的气温很低，大气的密度就要大大增加，空气不断收缩下沉，使气压增高，这样便形成一个势力强大、深厚宽广的冷高压气团。当这个冷性高压势力增强到一定程度时，就会像决了堤的海潮一样，一泻千里，汹涌澎湃地向我国袭来，这就是寒潮。

　　我国气象部门规定：冷空气侵入造成的降温，一天内达到 10℃以上，而且最低气温在 5℃以下，则称此冷空气爆发过程为一次寒潮过程。可见，并不是每一次冷空气南下都称为寒潮。

寒潮对日常生活有什么危害

　　寒潮和强冷空气通常带来的大风、降温天气，是我国冬半年主要的灾害性天气。寒潮对日常生活的影响主要体现在三个方面：

　　给人们的出行带来很大不便，狂风、暴雪、降温极大地影响了日常生活；带来的雨雪和冰冻天气对交通危害也不小，雨雪过后，道路结冰打滑，交通事故明显上升；

　　为了抗寒保暖，我们常常把门窗关得严严实实、密不透风，这样极易造成室内空气污染，对人体健康十分不利；如果燃煤取暖不当，还可能导致一氧化碳中毒；

　　寒潮袭来对人体健康危害很大，受强冷空气影响，容易诱发流感、心脑血管疾病、呼吸道疾病，有时还会使患者的病情加重。

我们在日常生活中如何防范寒潮

　　注意及时收听、收看气象信息，在寒潮来临前就做好各种防寒保暖准备；

　　在降温和大风来临时，要尽量减少外出，减少户外活动和劳作，合理安排劳动时间；

　　随着天气日渐寒冷，不少家庭为了保暖，把门窗关得严严实实、密不透风。如不通风换气，极容易造成室内空气污染，对人体健康十分不利。因此，冬季要注意及时净化室内空气，减少污染，定时开窗通风换气，保持室内空气新鲜；搞好室内卫生，在流行性感冒高发期内，可以用醋来净化空气，也可养殖一些如吊兰，海芋等植物，它们能很有效地吸收室内有害气体物质，清洁空气；

　　要采取保暖措施，穿好衣服，带好帽子采取防寒措施，以免感染呼吸道疾病；室内保暖要注意安全，特别是燃煤取暖的农户，一定要防范一氧化碳中毒；

　　体质虚弱的老年人、孕妇、产妇、儿童对寒冷的耐受性差，更易患病。如果发现病情，及时就诊；

　　在寒潮来临前，气象部门会发布预警信息，如果寒潮带来雨雪，给我们的出行带来比较大的影响，应注意防范道路的湿滑和结冰，采取有效的防滑措施。

寒潮对农牧业有什么危害

　　寒潮由于来势迅猛，所经之地，短期内气温急降，并常伴有大风或雨雪。因此寒潮对农作物造成危害最大。

水稻：寒潮来袭，对早稻影响特别大，寒潮只要日平均气温低于12℃，最低气温低于8℃，持续三天以上，并伴有阴雨，就会发生冷害，引起芽种霉烂或烂秧。影响晚稻正常灌浆成熟，大风引起晚稻茎秆折断、植株倒伏，影响收割。

小麦：小麦是仅次于水稻的主要粮食作物，我国主要种植的是冬小麦。越冬麦苗能忍受一定强度的低温，一般在冬季高于－10℃的低温不会造成麦苗死亡，但当麦苗环境温度进一步降低到麦苗不能忍受的程度时，这部分麦苗就出现了死亡；寒潮带来的降水过多和连阴雨天气造成田间积水，影响大小麦正常播种，播后烂种烂苗，出苗率低，麦苗素质差；造成冬春渍害，生长后期根倒；赤霉病、锈病、粘虫、蚜虫等病虫害加重；强降温造成大小麦生长不良，影响孕穗和抽穗扬花，叶片和植株发生冷（冻）害，拔节后大风引起植株倒伏。

棉花：大风吹倒（倾斜）植株，降雨影响棉花正常采摘和晾晒，加重烂花烂铃，推迟生长发育，可能出现迟发晚熟，减产降级等；病虫害、渍害和盐碱危害等次生灾害可能加重。

蔬菜瓜果：造成多种蔬菜瓜果不能正常播种育苗和移栽，烂种烂芽、僵苗死苗，出苗率低，秧苗素质差；造成植株瘦弱，生育进程推迟，落花落荚（果），畸形果增多，产量品质下降；秧苗受冷害或冻害；寒潮引起降水过多造成农田淹水，蔬菜瓜果根系生长不良，沤根，甚至植株死亡，同时导致灰霉病、白粉病、菌核病等多种病害。

畜牧业：在北方牧区牲畜经过了冬季的体能消耗之后，膘情下降，抗寒能力降低，寒潮天气带来的大幅降温易使体弱的牲畜受冻甚至死亡；由于寒潮暴风雪而酿成的"白灾"，牧草被雪深埋，牲畜吃不上鲜草，干草供应不上，造成冻饿或因而染病、死亡，对畜牧业危害很大。

寒潮有百害无一益吗

农谚说"瑞雪兆丰年"，寒潮虽然带来了风雪和降温，而且有时是灾难性的，但是这也不能否认寒潮带给我们的益处。

降雪和丰收有什么关系？这是因为雪水中的氮化物含量高，是普通水的5倍以上，可使土壤中氮素大幅度提高。雪水还能加速土壤有机物质分解，从而增加土中有机肥料。大雪覆盖在越冬农作物上，就像棉被一样起到抗寒保温作用。

寒潮是风调雨顺的保障。我国受季风影响，冬天气候干旱，为枯水期。但每当寒潮南侵时，常会带来大范围的雨雪天气，缓解了冬天的旱情，使农作物受益。

有道是"寒冬不寒，来年不丰"，这同样有其科学道理。寒潮带来的低温，是目前最有效的天然"杀虫剂"，可大量杀死潜伏在土中过冬的害虫和病菌，或抑制其滋生，减轻来年的病虫害。据各地农技站调查数据显示，凡大雪封冬之年，农药可节省60%以上。

冬季适量的积雪覆盖对于农作物越冬、增加土壤水分、冻死害虫卵、减轻大气污染等都是有益的。

怎样减轻寒潮对水稻的危害

注意寒潮预警，以利抓紧收割翻晒晚稻，早稻适当推迟播种育秧苗，要合理安排水稻播种期，在日平均气温稳定在12℃以上时，抓住"冷尾暖头"气候时段抢晴播种；

要严格把好浸种、消毒、催芽关，采取播前晒种、生石灰水或多菌灵浸种、日浸夜露等措施，增强抗旱力；

要及时清理沟渠，排除田间积水。防止烂秧，发现死苗时及时喷洒多菌灵防止扩大感染范围，防范低温寒流可能造成的烂种烂秧，培育多蘖壮秧；

根据水稻生长所处生育时期，科学施肥，要施足基肥，增施热性肥和磷钾肥，促进快速恢复生长；忌过早追肥。低温过后，秧苗抗逆能力较差，若过早施用化肥，会加速烂秧死苗；

深水护苗，以水调温，以水保温，寒潮过后若天气突然放晴，切勿立即退水晒田，以免造成青枯烂秧死苗；

寒流期间，要切实做好覆膜保温，秧田或苗床要及时覆盖拱膜，寒流过后，逐步揭膜炼苗；薄膜周围用泥土压实，防止大风刮开或刮破。

怎样减轻寒潮对小麦的危害

及时做好防冻措施，要增施草木灰，或用泥土、稻草和塑料薄膜覆盖小麦苗，阻挡冷空气直接侵袭，有效防御冻害发生；

加强麦田管理，对已灌溉田块，要及时进行中耕，破除表土板结，壅根防冻；对晚弱苗采取增施有机肥、浅锄盖土和镇压等措施，提高麦苗的抗寒能力；

灾前要及时疏通沟渠，确保田间排水通畅；灾后要及时排除田间积水，降低地下水位；

灾前增施有机肥、磷钾肥或喷施动力 2003 等叶面肥，避免施氮过多，增强植株抗逆能力，避免生长后期茎倒；灾后及时追施薄肥，增施磷钾肥，促进植株恢复生长；

适当推迟播种，尤其是寒潮带来较长时间的阴雨时，更应推迟播种；寒潮过后对烂种烂秧死苗较重的田块则抓紧补播或改种其他作物。

怎样减轻寒潮对棉花的危害

在寒潮来临之前，应抓紧采摘棉花，清理沟渠，确保排水通畅，根部培土，减轻植株倒伏（倾斜），以减轻受灾损失；

寒潮侵害之时，若降雨量大持续时间长，要及时疏通沟渠，排除田间积水，以防烂根；

如果棉花发生倒伏现象，要及时扶正植株，修剪枝叶，增加通风透光；

压实地膜，清理膜面。压好膜孔并在一定距离的地膜上打地锚及腰带，以防大风再次掀起地膜，要及时清理膜面尘土，提高地膜增温效果；

及时中耕，破除板结，破除盐碱壳，以帮助出苗，减少烂子烂芽死苗；

对已出苗棉田,在无风条件下,可采用"熏烟法"防止急剧降温造成的冻害;

适施追肥,或叶面喷施磷酸二氢钾等进行根外追肥,延缓植株衰老,增加后期产量;

病害较重田块需及时做好防治工作,关注苗病(立枯病、炭疽病、猝倒病)和棉蚜的发生、危害和防治。

怎样减轻寒潮对蔬菜瓜果的危害

由于冷空气来时风力较大,棚架设施应注意加固,及时清理设施积雪,调控温度湿度,增强设施保温抗寒能力;

抓紧成熟蔬菜瓜果特别是露地蔬菜的抢收,适当推迟蔬菜瓜果播种育苗;

提早做好防寒保温准备,蔬菜大棚加盖草垫、双层薄膜等保温材料,提高棚内温度;通过喷洒化学保温剂能起到一定的防冷、防冻的效果(主要用于果树防冻),在叶菜类蔬菜、露地蔬菜瓜果植株间撒一薄层谷壳或草木灰,还可以及时灌水,改变园内气温,以减少寒潮灾害损失;

加强田间管理,夯实加固堤埂,培土,保根基;及时摘除冻伤叶片并追肥,寒潮来临之前应该施用较暖性的农家肥,保护分蘖节不受冻害,选用抗旱品种,增强防冻能力;

及时清理、修复大(中)棚,清扫积雪,减少冻害;清沟排渍,防积水结冰加重冻害;疏通沟渠,确保排水通畅;

适当增施磷钾肥,提高植株抗逆能力。追施一次薄肥,或喷施磷酸二氢钾、动力2003等叶面肥,促进植株尽快恢复生机。

怎样减轻寒潮对畜、禽的危害

在寒潮来之前,要做好饲料、兽药及燃料包括保温等相关物资储备,避免因停电、道路封闭和饲料、兽药短缺带来的畜禽冻死、饿死及病死,确保畜禽安全越冬;

寒潮入侵,气温骤降,不仅影响畜、禽的发育,也使其机体抗病能力减弱。因此要做好畜禽圈舍的保温工作，在禽、畜圈舍内多垫干土和干草，并及时更换和添加干燥新鲜的垫草，勤打扫、勤除粪，尽量少用冷水清洗，保持栏内干燥；

做好栏舍防寒保暖，圈舍应用塑料布或彩条布等封闭，关闭门窗，防止贼风侵袭；窗户的玻璃应保持干净，以利采光；低温条件下，适当增加饲养密度；犊牛、羊羔及分娩牛羊可在圈舍内生火取暖，有条件的农户可以安装红外灯取暖；

增加饲料中的营养物质添加，适当增加饲料能量，家禽可在原饲料基础上增加 10% ~ 20% 玉米，母牛每日补喂 1 ~ 2 千克精料，羊的精料供给量应比平时提高 20%，同时可增喂青贮料、胡萝卜等多汁饲料，生猪应充分供料，让其自由采食，也可在原饲料基础上增加 10% ~ 15% 玉米、小麦、糙米等能量饲料，让禽、畜们有足够的体能抵抗寒潮；

让圈舍内保持通风换气，但尽量不要影响室温，特别是中午天气较好时，应开窗通风，既要保温，又要保证舍内氧气充足；家禽养殖棚内还应该增加光照时间，以增加产蛋率；

做好防病治病工作，对禽类接种疫苗，对圈舍勤消毒。

2.9 暴雪

在 2008 年 1 月 10 日，发源于中国南方的强降雪天气，没几天就席卷大半个中国。包括浙江、上海、江苏、安徽、江西、河南、湖北、湖南、广东、广西、重庆、四川、贵州、云南、陕西、甘肃、青海、宁夏、新疆和新疆生产建设兵团等 20 个省级行政区均受到低温、雨雪、冰冻灾害影响，其中 14 个省（区、市）遭遇了历史罕见的暴雪、冰冻袭击，冰雪造成部分地区电力中断、交通系统大面积瘫痪、春运返乡旅客大量滞留途中、农产品与食品价格暴涨、供水供气难以维持的困难局面。截至 2 月 12 日，因灾死亡 107人、失踪 8 人，紧急转移安置 151.2 万人，累计救助铁路公路滞留人员 192.7 万人；农作物受灾面积 1.77 亿亩，绝收 2530 亩；森林受损面积近2.6亿亩；倒塌房屋35.4万间；造成1111亿元人民币直接经济损失。

暴雪是怎样形成的

暴雪形成的基本条件是冷暖空气的交锋。由于我国南方的暖气团每年都比较活跃，大量来自太平洋、印度洋的暖湿气流频频光顾南方地区，当来自蒙古、西伯利亚的强大冷气团迅速南下至南方地区，并与暖湿气团相遇后，就形成了大范围雨雪天气。

如果只有强大的冷气团，而没有暖湿气团提供的大量水汽，南方只会出现大风降温天气；如果只有暖湿气团提供的大量水汽，而没有冷气团光临，则根本没有什么灾害性天气。当冷暖空气势均力敌，且空气湿度较大时，往往就会形成雨雪。

暴雪对农牧业有什么危害

暴雪对居民生活、交通运输、供暖、供气、供电等的危害不言而喻，而对农牧业来说更是一种灾难。

小麦：

暴雪和寒风来临时，下播的冬小麦没有足够的时间进行正常的抗寒锻炼，直接进入低温环境，造成麦苗抗寒能力弱，容易导致冻害；

如果暴雪发生的早，"偷袭"小麦，就会迫使冬小麦提前停止生长，造成叶片普遍比常年要少2~3片，分蘖少2个，这样不利于作物的光合作用和营养的积累，威胁冬小麦的生命力；

积雪融化后若出现强寒流袭击，降温幅度大，低温持续时间较长，或气温骤升骤降，波动幅度大，将会加重小麦越冬期冻害发生；

暴雪使麦田发生病害的风险增大，由于麦田积雪厚度大，积雪时间长，麦田表层土将长时间处于高湿状态，再加上苗弱，为病害的发生提供了条件。

蔬菜瓜果：

受降雪影响，部分成熟蔬菜来不及采收，即便采收了，由于积雪阻碍了交通，蔬菜来不及运输、销售而霉变腐烂，导致较大的经济损失；

积雪造成部分设施蔬菜受冻，主要表现有叶片萎蔫、植株枯死、幼嫩瓜果被冻坏、定植不久的蔬菜幼苗被冻死；

强降雪会导致部分温室大棚因未及时清除积雪被压垮、压塌，大棚倒塌后，温室蔬菜、瓜果就会大片腐烂。雨雪过程也导致日照不足、温度偏低，增加了大棚蔬菜的管理难度，影响到冬春季蔬菜的供应量；

一些保温性能较差、未及时采取防御措施的温室内温度也急剧下降，使一些喜温的茄果类蔬菜遭受冻害，即使没有遭受冻害的蔬菜，由于温室内温度偏低、湿度增加，使蔬菜长势转弱，抗逆能力下降，从而影响了其正常生长发育。

畜牧业：

暴雪对畜牧业的危害，主要是积雪掩盖草场，且超过一定深度，有的积雪虽不深，但密度较大，或者雪面覆冰形成冰壳，牲畜难以扒开雪层吃草，造成饥饿；有时冰壳还易划破羊和马的蹄腕，造成冻伤，致使牲畜瘦弱，常常造成牧畜流产，仔畜成活率低，老弱幼畜饥寒交迫，死亡增多；

在暴风雪天气中，因非蒸发性散热加大，牲畜机体在维持一段时间的热调节平衡之后，体温将逐渐下降。据测定，在低温和大风环境中，绵羊的体温降到28℃左右时可导致死亡。在冬季，牧草枯黄，且数量少，质量低，畜体衰弱膘情很差，御寒能力降低。当遇到暴风雪袭击时，不仅使畜群惊恐不安，往往因辨不清方向而随风狂奔不止，无法赶拢回圈，常常掉进湖泊水泡或掉下山崖，摔死冻死。即使在棚圈内，因避风雪寒，常常互相上垛，挤压取暖，会使怀孕母畜流产，有的活活被压死。因此，暴风雪是畜牧业生产上的严重灾害性天气之一。

怎样减轻暴雪对小麦的危害

在暴风雪来到之前，就要及时给麦菜盖土，提高御寒能力，若能用猪牛粪等有机肥覆盖，保苗越冬效果更好；

在雨雪间隙及时做好"三沟"的清理工作，及时排除田间渠道杂物，保障渠道通畅，及早排出田间积水，降低田间湿度，以防连阴雨雪天气造成田间积水过多，影响麦菜根系生长发育；

加强田间管理，中耕松土，铲除杂草，提高小麦抗寒能力；化雪开始时，在冬麦地可及时采取春耙及切播化肥，撒施农家肥、炉渣、草木灰、沙土等，提升地温，促进冬小麦返青；

如遇温度回升慢，积雪融化漫长，可在开始融雪时，适时采取机械或人工破雪，加速积雪和薄冰的融化，减轻冻害；

做好病虫害的防治工作。

怎样减轻暴雪对蔬菜瓜果的危害

及时采收。抢收部分蔬菜，存放在室内分批上市，避免冻害，提高经济效益；

加强对设施蔬菜的管理。在棚膜外部及时覆盖草苫，在温室的周围围上草苫或稻草，棚室内挂二道幕覆盖、设小拱棚可以有效防止低温危害；在棚内裸露地面覆盖稻草、稻壳、酒糟和秸秆等，加强温室的保温；必要的时候采取灌水防冻，及时给蔬菜地灌水，能避免地温大幅下降，缓解冻害的程度，但是注意刚定植蔬菜等作物的温室必须控制浇水，防止地温偏低；

采取临时加温措施合理调控温室气温。可采用每日两次在大棚内点火升温的办法除雪，但要注意消防安全，以免导致火灾；当棚内温度上升后，棚顶积雪便自动滑落，既保护了大棚，又使大棚增温透光；有条件的地方还可采用电热线加温；

雪后应及时清除大棚上的积雪，以防雪水渗透草苫或压坏棚膜，同时既减轻塑料薄膜压力，又有利于增温透光；瓜菜类的苗床还要进行人工补光增温，以培育壮苗，防止徒长和冻害发生；阴雪天气时虽然无日照，但白天也要尽量揭开草苫，以充分利用散射光；

合理开展叶面施肥。如磷酸二氢钾液体，增强植株的抵抗力；

已经受冷害和冻害的作物和秧苗要禁止使用促进生长的激素类肥药；低温过后，追施适量速效氮肥和磷钾肥，恢复植株及秧苗生长势、增强抗性；

加强灾后田间管理。及时清除棚内冻死植株和病残植株，以防天气回暖后棚内疫病、灰霉病的发生和蔓延；注意加强蚜虫、白粉虱及潜叶蝇等虫害的防治工作。

怎样减轻暴雪对畜牧业的危害

暴风雪是伴随寒潮或冷空气侵袭而产生的，综合性的灾害给畜牧业带来了不小的危害，但是减轻或避免它造成的危害还是可以实现的。

暴风雪带来的最直接危害就是对牧草的威胁，草料是发展畜牧业生产的物质基础，在暴风雪到来之前就要适时储草备料，防止饲料饲草供应和运输困难；抓好秋膘，平衡冬、春饲草饲料供应，以提高牲畜抗暴风雪能力；

在冬、春季草场上建设透光保温的棚圈，在放牧转场途中，利用避风向阳、干燥的地形，垒筑防风墙、防雪墙，有条件的牧场可修建接羔房、育羔棚等，对牲畜避寒防冻、减轻暴风雪袭击是行之有效的抗御办法；

经常收听天气预报，及时了解暴风雪信息，特别是春季牲畜转场时，使我们能在暴风雪天气出现之前把牲畜赶回棚圈，对老、弱、病牲畜做好防御措施，减少损失；

畜禽养殖要关注温度变化，暴雪低温来临时关好畜禽舍的门窗，防止舍内温度大幅度变化；在外放养的畜禽如羊、牛、鸡等要及时赶回；在畜禽舍内铺上垫草，防止畜禽受冻；同时要注意畜禽舍的通风换气，保持畜禽舍空气新鲜，防止疾病的发生。

日常生活中，我们怎样防范暴雪带来的危害

当强冷空气侵袭时，常常伴有大风、雨雪、冰冻等恶劣天气。这种低气温环境，可以大大削弱人体防御功能和抵抗力，从而诱发

各种疾病，甚至发生生命危险。

要注意关于暴雪的最新预报、预警信息；准备好融雪、扫雪工具和设备，适当储备食物和水；

尽量减少不必要的户外活动，慎防因滑摔伤和人畜因冻发生疾病，需要外出时应采取防寒和保暖措施；减少车辆外出，需要驾车出行，应慢速、主动避让、保持车距、少踩刹车，给非机动车轮胎稍许放点气，增加轮胎与路面摩擦力以防滑；

如果遭遇了暴风雪突袭，要特别注意远离广告牌、临时性的不结实、不安全的建筑物、大树、电线杆和高压线塔架；做好易被雪压的临时搭建物和老旧房屋维修支撑工作，确保安全渡灾；路过桥下、屋檐等处，要小心上方掉落的冰凌；

注意防寒保暖，预防感冒等疾病的发生；关闭门窗防寒是必须的，但当我们在暖烘烘的室内享受时，别忘了污浊的空气和要人命的一氧化碳的威胁，一些燃煤取暖的朋友特别要注意预防中毒。

暴雪肆虐时，我们怎样注意膳食营养

寒冷对人体的影响是多方面的，它影响我们的激素调节，影响消化系统和泌尿系统。因此，在风雪交加时，我们身体相应的营养素需要进行合理调节，以防在寒冷环境中出现一些不良的生理变化。

增加御寒食物的摄入。因寒冷而不适，或者由于体内阳气虚弱而特别怕冷。这时，我们就要适当用具有御寒功效的食物进行温补和调养，以起到增强体质、促进新陈代谢、提高防寒能力、减少疾病的功效。在冬季应吃性温热御寒并补益的食物，如羊肉、狗肉、甲鱼、虾、鸽、鹌鹑、海参、枸杞、韭菜、胡桃、糯米等；

增加产热食物的摄入。因为气候寒冷，为了增强抗寒能力，我们的身体会自动促进和加速蛋白质、脂肪、碳水化合物的分解，让身体发出更多的热量。所以，冬天里身体的热量散失会比较多，我们饮食中的热能也就需要相应增加。因而在此时期要增加产热营养素的摄入量，要适当增加主食，要多吃富含蛋白质、脂肪、碳水化

合物这三大营养素的食物，如多吃些豆类食物，以及牛肉、鸡肉及鱼、虾等肉类食物，以保证足够的热量支持；

多吃富含维生素类食物。由于寒冷气候使人体氧化产热加强，机体维生素代谢也发生明显变化。如增加摄入维生素 A，以增强人体的耐寒能力。增加对维生素 C 的摄入量，以提高人体对寒冷的适应能力，并对血管具有良好的保护作用。维生素 A 主要来自动物肝脏，奶与奶制品及禽蛋，绿叶菜类、黄色菜类及水果等；维生素 C 主要来自新鲜水果和蔬菜等食物，野生的苋菜、刺梨、沙棘、猕猴桃、酸枣等维生素 C 含量尤其丰富；

另外，在冬季应多摄取含蛋氨酸较多的食物，如芝麻、葵花籽、乳制品、酵母、叶类蔬菜等。为使人体适应外界寒冷环境，应以热饭热菜用餐并趁热而食，以摄入更多的能量御寒。在餐桌上不妨多安排些热菜汤，这样既可增进食欲，又可消除寒冷感。

2.10 霜冻

2010 年 3 月本是个阳春三月，位于广西东北部的平乐县果树抽梢吐蕾，一片春意盎然的景象。3 月 6～9 日，一场寒潮突袭平乐县，9 日晚和 10 日凌晨平乐的天空繁星点点，没有一丝云彩，人们还不知道，一场迟到的霜冻正悄然形成，灾害正撒向这片土地。3 月 10 日早上，当源头农场的职工起床后便发现眼前的果园一片雪白，走近一看景象惨不忍睹！果园里新抽发的春梢、花蕾全部被打蔫、冻焦，据测量，当天早上的室外气温为 0℃。

3 月出现霜冻，在平乐县实属罕见。由于霜冻发生季节迟，当时许多农作物因物候期提前而进入了生长旺盛期，幼嫩组织抗寒能力差，加上农民没有任何思想准备，也几乎没有采取任何防冻措施。所以，这次历时时间不长的霜冻天气造成了平乐县许多农作物惨重的损失。据统计，全县柑桔类果树受灾面积 4.1 万亩，其中绝收 10.65 万亩；月柿受灾面积 6 万亩，其中 2.7 万亩绝收；马铃薯受灾面积 1.2 万亩，成灾 0.3 万亩；番茄受灾 0.8 万亩。

霜冻是怎么形成的

日落西山以后，地表因辐射冷却，温度不断下降，靠近地表的空气温度也随之下降，当气温冷却到零度以下时，多余的水汽就会凝结在地面或贴近地面的一切物体上。这时，如果温度降到0℃以下，水汽就直接凝结成为冰晶，形成的就是霜了。

秋天第一次出现的霜，称为初霜，春天最后一次霜，称为终霜。在天气广播中，有时会听到"霜冻"这个名词，常有人把霜冻和霜混为一谈，其实它们完全不是一回事。霜冻，是指在农作物生长季节里，短时间内地表温度骤降到0℃以下，致使作物受到损害的一种低温冷害现象。霜冻主要发生在晴朗无风或微风、空气湿度小、低温的天气条件下，特别是秋末春初期间，夜间晴空无云、静风，由于辐射冷却、气温下降到0℃以下的时候经常出现霜冻。出现霜冻时不一定有霜；但有霜时，却经常伴有不同程度的冻害现象。有时称没有霜的霜冻为黑霜。

怎样预知霜冻时间

霜的出现，常常预兆晴天。民间谚语说"霜重见晴天"指的就是这个意思。那么怎样才能知道霜冻出现的时间呢？一般来说，四个方法可以参考：

要随时收听气象预报信息。如果预报最低气温达2℃以下或1℃以下时就应立即行动做好准备。如果夜间晴朗又转为静风，其冻害可能发生较重；有时虽预报气温较低，但夜间为多云或阴天，则出现霜冻的可能性较小，历史上凡霜冻严重年或者有霜年均没有在阴天或多云天发生，均是在晴朗静风之夜出现；

利用谚语及物候反应进行预计。如"雁过十八天来霜"，根据大雁南迁当地的日期，便推算出来霜的日期；"三场白露一场霜"；意思是说秋季出现三场白露后，如果有冷空气侵入，日间刮北风，入夜后天气晴朗且无风时，就要有霜出现了；

如果入夜后露水小，天气又晴朗，当夜就可能出现霜冻。如果当夜露水特别浓，天气虽晴也不会有霜冻出现；

为了准确掌握霜冻出现的时间（主要在秋末春初期间），可观察屋外地面上的金属物，或在田里插一块铁板，由于金属降温快，如果将有霜冻，金属表面就会出现一层霜花，这时便马上可以采取防霜措施了。当然地面有霜时作物苗不一定受冻，因为在地面以上，苗温可能在0℃以上。

霜冻对农作物有什么危害

霜冻危害农作物的原因是低温促使植物体内部的细胞与细胞之间的水分被冻结成冰，并继续夺取细胞中的水分，冰晶逐渐扩大，使细胞遭受到机械的压迫，而将细胞内部的水分被迫朝外渗透出来，这样不仅消耗了细胞水分，而且引起原生质脱水使原生质胶体凝固，从而造成了农作物因细胞脱水而枯萎死亡。

霜冻对农作物的危害，因作物的种类、品种的不同抗寒性能及其发育状况以及霜冻持续的时间长短等差异而有轻有重，不同地势对霜灾的影响程度往往也有不同。农谚说"霜打洼处"，空气总是向低洼处流动，这样越是地势偏低处其冷空气堆积越多越寒冷，霜冻也就越严重。

水稻：

水稻是喜温植物，抗寒能力较弱，仅能抵抗 -1℃ 至 -2℃ 的低温，所以当遇到超过 -2℃ 的严霜时，就会受害。霜的温度低，容易造成植株内的原生质脱水、凝固、甚至结冰，从而使水稻植株死亡，形成霜冻。当遇到早霜时，对水稻的灌浆影响很大，籽粒不饱满，产量降低。

玉米：

玉米受冻害后有效叶片数减少，植株矮化，果穗变小，着籽稀，千粒重减轻。玉米在灌浆期遭受早霜冻，不仅影响品质，还会造成减产。当气温降至0℃时，玉米发生轻度霜冻，叶片最先受害。玉米灌浆的养料主要是叶片通过光合作用产生的，受冻后的叶片变得枯黄，影响植株的光合作用，产生的营养物质减少。由于养料减少，玉米灌浆缓慢，粒重降低。如果气温降至零下3℃，就会发生严重霜冻，除了大量叶片受害外，穗颈也会受冻死亡。这样不仅严重影响玉米植株的光合作用，而且还切断了茎秆向籽粒传输养料的通道，灌浆被迫停止，常常造成大幅减产。

小麦：

小麦冻害较轻时，麦株主茎及大分蘖的幼穗受冻，导致穗粒数明显减少；冻害较重时，主茎、大分蘖幼穗及心叶就会冻死；冻害严重时，小麦叶片、叶尖硬脆、青枯，茎秆、幼穗皱缩死亡。小麦进入拔节期，抗寒性明显下降，轻度的霜冻就会使部分叶片枯死，减少叶面积，对产量有不利影响。突然降温后麦株体温下降到0℃以下时，细胞间隙的水首先结冰。如温度继续降低，细胞内也开始结冰，造成细胞脱水凝固而死。

蔬菜：

多数蔬菜不耐结冰，遭受霜冻后叶片、果实枯死而严重减产。一般霜冻发生在蔬菜作物活跃的生长季节，春霜冻主要是对蔬菜定植后的幼苗危害最大；秋霜冻又称早霜冻，以秋季最初出现的霜冻危害为重，危害尚未收获的喜温蔬菜；耐热蔬菜最不抗冻，0℃即可全部冻死。

晚春霜冻是春季蔬菜生产的重大灾害。一般发生在4月中下旬早熟蔬菜定植以后，天气晴朗，白天气温已达到16℃～17℃，夜间地面突然降至0℃或0℃以下，使田间正在生长的蔬菜植株"猝不及防"，叶片表面结霜，受到损害。

果树：

霜冻对果树生产影响很大，特别是在花期和幼果期，由于温变剧烈，霜冻频繁，往往造成果树减产。

早春霜冻对果树的影响是最严重的。早春正值冷暖过渡季节，经常受到北方冷空气的侵袭，气温猛裂下降，而春季果树正在解除休眠，进入生长期，抗寒力迅速降低。甚至极短暂的零度以下温度，也会给幼嫩组织带来致死的伤害；早春萌芽时受冻，嫩芽或嫩枝变褐色，鳞片松散而干于枝上；在花蕾和花期，由于雌蕊最不耐寒，轻霜即可受害，并不能受精结果；霜冻严重时，可将雄蕊冻死，花瓣受冻变枯脱落，有的幼果轻冻后会发育成畸形果。

怎样减轻霜冻对农作物的危害

霜冻对作物的影响和危害虽然有轻有重，但预防霜冻对农作物危害的措施却是有很多相通的。

熏烟法：密切关注天气预报和当地气温的观测，在霜冻即将来临时，在农田、果园的上风处利用锯末、秸秆、杂草、枯枝等交互堆积作燃料，堆放后适当上压薄土层，不要明然，以暗火浓烟为宜，使烟雾弥漫整个田园；燃料不足的地区，可以用 CHN 化学发烟剂，该剂是由硝酸铵、锯末和渣油三种原料组成的混合物（一般按 2∶2∶6 比例混成），效果是一样的。

使用熏烟法要注意两个问题：一是合理布堆，掌握好火堆密度，烟堆的大小和多少随霜冻强度和持续时间而定，一般以平均间隔 15 米左右为宜，以烟雾覆盖整个田园为原则；在田边、地头放柴草，田内使用烟雾剂效果比较好；二是熏烟的时间要掌握好，不能过早，也不能过晚，午夜至凌晨 2～3 点钟点燃，直至日出前，这个时间段的叶面温度比霜冻指标要高 1℃～2℃，此时熏烟可以收到良好的效果。

熏烟法可以减缓田园近地面、低空冷空气聚集，减缓散热降温进程，并增加近地空气中的热量，还使水汽在烟粒上凝结而释放潜热，从而达到增温防霜冻。试验证明，熏烟能提高地表温度 2℃～3℃。

覆盖法：寒潮来临前，用稻草、草帘、地膜、遮阳网等覆盖作物，这样既能保护叶片不受霜冻，又能保护心叶和生长点不受霜冻及冷风冷雨的侵袭，这种覆盖可以维持 2～3 天或更多天，等到天气回暖后再清除覆土，幼苗能很快恢复生长。当然塑料薄膜虽保湿性能好，但其表面易结霜，如在大棚外覆盖一层薄膜或采取双层棚都是有效的措施。还可在棚室内空地覆一薄层草木灰等物，对未能收获或未成熟的果实可以套上防寒专用袋，裸露地较多的果园可提前播种紫云英等盖地作物，也会保温护苗；如果作物刚刚出苗，用土覆盖法效果也很好，例如棉花刚出土时，可用犁翻起土盖在幼苗上，能够使苗周围温度升高不受霜冻，霜冻过后再扒开覆土。

采用覆盖法，地温可提高 1℃ ~ 2℃，可减轻冻土程度和深度，保持土壤水分。

灌溉法：灌水防霜冻是因为水温比霜冻发生时的土温要高，有时高 10℃ 以上，特别水源以井水为主的地区，因为此时的井水温度多在 12℃ 以上；霜冻前灌水不但提高了地表温度而且提高了作物生长层温度，增加近地面层空气湿度，保护地面热量；由于水的热容量大，降温慢，田间温度不会很快下降，避免骤冷骤热，减少霜冻后危害，但霜冻一过，便要把深水放至正常水层，灌水选择在冷空气过后而霜冻还未发生时最好。霜冻发生前灌水后可以提高地温 1℃ ~ 3℃，最大值为 4.1℃，叶面增温 0.2℃ ~ 0.7℃，受霜害显著减轻。

有喷灌条件的地区，在发生霜冻时喷水，调节田间小气候，可阻止地面辐射冷却和温度的下降，使作物表面有 1 层水膜在结冰时释放潜热，以达到保护作物不受霜冻之害，这种方法最适合果树等不怕结冰压断树枝的植物体。

施肥法：在霜冻来临前（一般是霜冻到来前的 3 ~ 4 天）早施有机肥，特别是用半腐熟的做有机肥基肥，包括厩肥、堆肥、草木灰等暖性肥料，可改善土壤结构，增强其吸热保暖的性能，既能提高地温和土壤肥力，又能使作物生长旺盛，增强机体抗寒能力。

在霜冻过后，可根据实际情况追施氮肥、速效肥，如小麦部分叶子被冻坏，可追施速效性氮肥，促使麦苗迅速恢复生长。

在霜冻前后还可用植保素、大哥大、植物动力 2003 等叶面肥喷施植株二次，增强抗寒抗逆能力，帮助植株恢复生长。

现在一些农户还采用扰动混合法和加热法来作为农作物抵御霜冻的武器。所谓扰动混合法是指晴朗夜的近地层常为逆温层，近地温度低，10 至 20 米高度的气温高，人们常用吹风机或大风扇吹风搅动，把上面暖空气搅动向下混合，以提高地面温度进行防霜冻。

澳大利亚人曾将直径 6.4 米大风扇，安装在 10 米高的铁架上，之夜，开动风扇扰动使空气混合，在 15 米半径内升温 3℃~4℃，防霜冻效果很好。

加热法是指用煤、木炭、柴草、重油等直接燃烧使空气和植物体的温度升高以防霜冻，或是在棚内搭建简易煤炉、安装电灯来进行临时加温，以提高棚内温度，防止冻害。

除以上一些应对冻害的方法外，农民朋友还应该采取一些农业方法来应对霜冻，如引进和培育抗寒品种、早熟品种、适时播种、培养壮苗、改良土壤、加强栽培管理等农业方法来防御霜冻、减轻危害。如小麦：选用和搭配种植拔节晚的耐冻品种，因为拔节比较早的品种，易受冻害，拔节晚的品种在晚霜来临时，表现抗寒力强，冻害轻。再如玉米：有霜冻的地区，最佳播期为：露地栽培于 11 月 15 日至 25 日播种，地膜栽培于 11 月 25 日至 12 月 15 日播种比较合适，这样既能防倒也能防冻。

2.11 大风

2010 年 3 月 19 日晚，受较强冷空气和蒙古气旋影响，陕西渭南市遭受了今年入春以来灾害强度最大、影响范围最广的一次大风沙尘天气。全市 15 万人受灾，经济损失 1.9 亿元。

从 19 日晚上到 20 日凌晨，渭南市的 7 县市陆续遭受大风、沙尘灾害袭击，部分县市风力达到 10 级，最大风速达 25.7 米/秒，受灾较重的县市，大风、沙尘灾害持续时间达 9 小时左右。由于大风持续时间长，各县市受灾乡镇房屋、围墙、猪圈、鸡舍、大棚农作物等受损严重，部分电力设施也均有不同程度损失。截至 22 日的数据，此次灾害已造成渭南 7 个县市区，90 个乡镇，562 个村，15.2747 万人受灾，农作物受灾面积 4696.03 公顷，倒塌房屋 72 间（孔），其他简易房倒塌 1310 间，损坏房屋 133 间（孔），倒塌大棚 1536 个，受损大棚 9217 个，猪、牛、鸡舍倒塌 1106 间（座），塌死生鸡 17700 余只，塌死生猪、羊 632 只，造成直接经济损失

1.905 亿元，其中农业直接经济损失 1.6123 亿元。

大风对农业生产有什么危害

风是农业生产的环境因子之一。风速适度对改善农田环境条件起着重要作用。近地层热量交换、农田蒸散和空气中的二氧化碳、氧气等输送过程随着风速的增大而加快或加强。风可传播植物花粉、种子，帮助植物授粉和繁殖。中国盛行季风，对作物生长有利。

但是风对农业也会产生很大、很多的消极作用。

大风对农业生产可造成直接和间接危害，直接危害主要是造成土壤风蚀、沙丘移动而毁坏农田，对作物的机械损伤（强风可造成农作物和林木折枝损叶、拔根、倒伏落粒、落花、落果和受粉不良等）和生理危害（风能加速植物的蒸腾作用，特别在干热条件下，使其耗水过多，根系吸水不足，可以导致农作物灌浆不足，瘪粒严重甚至枯死，林木也可造成枯顶或枯萎等现象），同时也影响农事活动和破坏农业生产设施。间接危害是指传播它传播病原体，蔓延植物病害和扩散污染物等。

大风造成的灾害主要是由风的压力引起，有时大风常常伴随沙尘、冰雹、暴雨灾害，加剧了对农作物的危害。

水稻：

大风对水稻的危害突出表现在使水稻倒伏、落粒、茎秆折断及叶片擦伤，还间接地引起病菌侵入和蔓延。

倒伏使水稻光合产物的形成、运输和储存受阻，结实率明显降低，限制产量潜力的发挥，导致水稻产量下降；抽穗期如果发生倒伏，减产更严重。成熟期遇大风，稻秆倒伏，造成落粒、谷粒发芽、霉烂，既损失产量，又会降低品质。

水稻在抽穗前受风的影响比较小，主要是叶片擦伤，叶尖产生纵裂，最后呈灰白色干枯。如果大风吹断剑叶就会影响抽穗，抽穗开花期与灌浆乳熟期最忌大风，风害使水稻开花授粉不正常，结实不良，秕谷增多。而且谷粒受风损伤，常常发生黑色的斑点，严重时还会出现白穗。

风害程度与风力大小、持续时间、水稻品种的抗风能力及生育时期都有密切关系。在大风危害时，高秆品种比矮秆品种受害重；抽穗开花期、灌浆成熟期比幼苗期、分蘖期受害重。

小麦：

倒伏是小麦高产的大敌，风力越大倒伏越重。易倒伏时期一是抽穗期易兜水超重，茎秆也较软；二是乳熟末期籽粒体积和鲜重达最大、头最重时。倒伏后的小麦一般要减产 1～4 成，倒伏越早，损失越大。

大风能加速小麦叶片表面水分散失，特别在干热条件下，使小麦耗水过多，根系吸水不足，影响小麦生长，严重时甚至枯死。在春季和初夏，长时间的大风，会使土壤水分大量蒸发，加重干旱。

玉米：

在整个玉米生育期内，大风天气对玉米危害最大。大风造成玉米茎秆倒伏和折断，影响水分养分输送。前期倒伏多数能重新站立，对产量影响不大；中后期仅倒伏未折断，茎秆还能弯曲向上生长进行光合作用；而后期倒伏，站立困难较大，导致穗粒数减少，空秆率增高，千粒重下降，玉米减产幅度较大。

玉米品种处于大喇叭口期，生长旺盛，所制造的养分大部分供给营养体发育，植株茎秆脆弱，头重脚轻，机械组织不强，韧性差，易折断。另外，气生根等都没长成，处于抗倒伏能力最差的时期，遇到大风易倒折。

棉花：

一般而言，当风力达到 5 级，则对棉花正常生长发育有不利影响；大风达到 7 级以上对棉花就会产生危害，大风带起的沙粒及灰尘较多，影响棉苗叶片的正常发育，风力越大危害越重。

大风对棉花产生危害的灾害性天气主要是风沙灾害和风雨灾害。风沙灾害主要发生在我国华北和西北地区，一般风力达到 6～7 级，就易将地面大量尘沙吹起，形成沙尘、扬沙、浮尘等，就会将地膜吹起、扯烂；沙壤地种子被吹得外露，风沙把棉苗打伤或打死，导致棉苗死亡；在风沙前沿的粘性棉田，风和沙子吹打着或刮起刚出土的棉苗，风停后，棉田中存活下来的棉苗呈青枯状；大风伴降雨，主要引起土地板结，盐碱较大的棉田引起返盐碱，导致出苗困难和卡脖死苗等现象，还会严重影响光照不足，造成僵苗不发等现象。

蔬菜：

机械损伤。黄瓜茎为蔓生，茎部难以直立，借助卷须在支架上缠绕生长，定植后大风可使黄瓜叶片损伤、断枝、倒伏；番茄茎为半直立性或蔓生，大风同样可对其造成机械损伤；此外茄子、辣椒等受大风影响也会受机械损伤；作物成熟期，大风还会造成落花落果。

生理损伤：一种是干热风（高温、干燥的流动气团）导致蒸腾作用加强，造成的嫩梢、叶片或花粉失水干枯。另一种是寒潮（低温、干燥的流动气团）造成嫩梢和叶片失水枯萎。

破坏农业设施：大风可刮破塑料大棚、中小棚、地膜等，阵风过强，大风持续时间过长，使棚膜在拱架上不停地拍打，造成破口，棚膜与支架摩擦，支架不光滑，易引起破洞。

土壤的风蚀：大风把土壤吹走，造成播下的种子外露，或者是菜苗根部裸露。

果树：

大风能影响各种果树的生长、结实和坐果率。比如梨树，大风造成梨树叶片破损、枝干折断、落果等机械损伤，并且大风使枝叶相互摩擦易病菌侵入染病；猕猴桃新梢肥嫩，叶片又大又薄，也非常容易遭到风害。强风经常会导致嫩枝折断，新梢枯萎，叶片破碎，果实擦伤甚至刮落。大量新梢受损，不仅造成当年结果枝大量减少，而且还会影响下一年的产量。果实摩擦损伤，造成果实表面伤处木栓化，影响外观和果品质量。春末夏初的干热风天气，会使叶片失水、焦枯、凋落。

怎样减轻大风对水稻的危害

选用抗倒品种。抗倒品种通常具有矮秆、茎粗坚韧和叶面积小的特点，对抗风害很有效，如早稻的株两优 819、晚稻的 T 优 207 等。

深耕。深耕为水稻根系发育创造良好条件，有利于防止"根倒伏"。同时，深耕之后，土层加厚，蓄水、保肥能力增强，肥料慢慢地释放供应水稻生长，不易引起疯长，可以减少倒伏。

放水。大风来临前，临时放深水护秧也有一定效果，但不可淹没叶尖，风过后要及时排水。

科学施肥。合理施用氮、磷、钾肥，防止氮肥过多，根据叶色变化规律，看苗分期合理施肥，可提高抗倒能力，防止水稻"茎倒伏"。

喷施多效唑（烯效唑）。对有倒伏趋势的水稻在拔节期（抽穗前 30 天左右）喷施 250×10^{-6} 多效唑溶液 30 公斤；或 5% 烯效唑乳油 100mg/kg，防倒效果好。

控制无效分蘖，培育壮苗和防治病虫害都有利于提高抗倒伏能力，要特别抓住水稻中后期加强对稻飞虱和纹枯病的防治。

受淹的水稻在退水后应及时清除茎叶污泥，同时要注意保持一定的水层，防止灾后出现旱情，让水稻能顺利分蘖发棵。

怎样减轻大风对小麦的危害

小麦倒伏是影响高产的重要因素，浇灌或下中雨后有 5～6 级风就可能造成部分倒伏。选用抗逆性强、综合性状好的抗倒伏小麦品种，提倡随土壤肥力提高，适当降低播量，以分蘖成穗为主增强抗倒能力。

播种前种子用矮壮素原粉对水后均匀拌种，晾干后播种，或用多效唑喷洒在麦种上，晾干后播种，也起到不错的抗倒伏作用。

增施磷肥和早春松土促进根系发育，缺钾土壤增施钾肥可增强茎秆韧性。

　　高产麦田要及时浇好冬水、拔节水、灌浆水，春季返青起身期以控为主，拔节前控制肥水，防止中部叶片过大和基部节间过长，灌浆中后期浇水要避开风雨天，科学运筹肥水。

　　注意防治病虫害，对小麦纹枯病、蚜虫等以预防为主，适时喷药，增加小麦抗逆力合抗倒伏能力。

怎样减轻大风对玉米的危害

　　玉米品种间的抗倒性存在明显差异，在选购种子时应选用那些抗倒、抗病、高产、稳产、适合当地种植的品种，特别是根系发达、茎秆坚韧富有弹性的品种；

　　对夏播倒伏玉米，应进行培土追肥，在雨后应尽快人工扶直植株并进行培土，扶起时要边扶直、边培土、边追肥，以免再发生倒伏；对严重倒折的春玉米，将玉米植株割除作为青饲料，并及时套作甘薯、大豆等后茬作物，以减轻损失；

　　根据品种特性，按适宜种植密度留苗，密度过大导致麦苗发育不良，茎秆细弱易倒伏，只有改善行间通风透光，才能提高群体和个体的综合抗性，实现高产稳产的目标；

　　为保证玉米的正常生长发育和高产稳产，氮、磷、钾三要素应配合使用，进行平衡施肥。近期未追肥的要趁墒追施速效氮肥，使玉米迅速恢复正常生长，如果未施磷钾肥的，可叶面喷施0.2% ~ 0.3%优质磷酸二氢钾溶液，补充营养，促进根系生长；

　　合理浇水，玉米苗期到拔节期应适当控制浇水，进行蹲苗。除非干旱及其严重，拔节前一般不宜浇水，大喇叭口期应及时浇水促进气生根生长；灌浆期养分从茎秆向籽粒转移，浇水除可促进粒重增加外也有充实茎秆、防止倒折的作用，并且根系下扎较深，抗倒性明显提高；

　　注意防治病虫害。玉米发生倒伏后，往往引发病虫害发生，应采取叶面喷撒杀菌剂与杀虫剂相结合的方法积极有效地防治玉米大小斑病、锈病、玉米螟等病虫害。

怎样减轻大风对棉花的危害

选用茎秆粗壮坚硬、根系发达、抗倒性强的品种，采取南北向种植方式等，有利于防止棉株倒伏；

棉田中耕培土，起垄培蔸，垄高10厘米左右，可增厚根际土层，诱根下扎，侧根增多，固着力提高，有利增强棉花抗旱防倒能力；

大风过后，造成棉株倒伏，应及时将棉株扶理起来，就能立即改变田间小气候，改善通风透光条件，减轻倒伏损失。因此，必须适时抢扶棉株，促进棉花恢复生长。在茎部雍土护根，切忌在扶苗雍土过程中造成人为机械损伤，导致棉花后期早衰；因风雨造成倒伏的棉株，应及时扶理培土，轻轻摇掉棉株枝叶上的污泥，防止再度伤根损枝；

如果大风带来暴雨，田间湿度过大，影响棉株正常生长发育，因此要及时疏理、开通棉田"四沟"，迅速排除田间积水，做到明水能排，暗水能滤，使棉花的根系活动不受阻，促发新根，增强活力，使棉株尽快恢复生机，减少蕾铃脱落；

雨水冲刷导致棉田表土流失严重，土壤肥力已难以满足棉株多结桃、结大桃的要求。应根据棉田土壤肥力、棉花长势，于立秋前后，及时补施恢复肥，最迟于8月15日前每亩施尿素5～10公斤，确保棉花恢复生长的营养需要；合理供应氮肥，特别是控制苗蕾期氮肥追施数量，增施磷钾肥，是促进棉花稳长、壮秆防倒的有效措施；

及时防治虫害，以四代棉铃虫为主攻防治对象，同时加强对斜纹夜蛾、盲蝽蟓、红蜘蛛等害虫防治工作。

怎样减轻大风对蔬菜瓜果的危害

及时采用支架捆绑番茄、辣椒、茄子、黄瓜、豇豆等高秆及藤架作物，以减轻机械损伤；作物行间应与当季盛行风向一致，以减轻风对作物的伤害；及时培土雍根，对于茄子、辣椒等可采取培土壅根措施，以防止倒伏；

做好防护工作，在距棚 1～2 米处，用玉米秸秆、高粱秸秆做起风障，空旷地建棚时，周围要有防风林带；

棚室蔬菜，首要的工作是要做好棚室的管护，在大风到来之前上压草帘并用绳拉紧，将扣好的棚室加固绑牢，防止风力损坏棚室，还可用专用的压膜线压紧膜，并用紧线机拉紧压膜线；选用不陈旧、无破洞的棚膜，最好用质量高的新膜，大棚薄膜破损处要及时修补；单膜整体覆盖地面的，要不留缝，周边压实压平；大棚蔬菜和一些搭架的高秆蔬菜作物，如黄豆、梅豆、豆角等要及时修复倒塌的棚架、支架，做好培土、绑扶等工作；被风吹倒、吹歪的茄果类蔬菜要及时扶正，未盖草的蔬菜畦面要盖草；

对露地蔬菜要加强田间管理，苗期适当控水，促根下扎防止徒长，培育壮苗，提高作物的抗风、抗倒、抗病能力；选育矮生、茎粗、根壮、耐涝的良种；大风出现前夕，提前采收接近成熟的蔬菜；对于干热风的侵害，可采取喷灌法及时喷水，降温增湿，减轻损害；

露地蔬菜在大风降温天气来临前，在做好喷施叶面肥，提高蔬菜作物抗寒性的同时，也要做好浇水抗寒工作。浇水可提高土壤蓄热能力，减缓田间降温幅度，预防蔬菜闪苗；

大风过后，需做好田间整理工作，倒伏后应及时扶起插杆捆绑，将断枝落叶及时清理，并有针对性地叶面喷施杀菌剂如霜脲锰锌、扑海因等进行病害防护。

怎样减轻大风对果树的危害

选择具有抗风性能强、根系强大的树种；在果园盛行风向侧面营造防风林或设风障；

对于进入成熟期的果实，要及时采收，减少损失；对结果幼龄树或果实还没成熟的果树，在果树迎风方向打桩，拉绳固定植株，以防吹倒吹断；冬季培土，树干包草，用支架加固枝干防止倒折断裂；

加强果树的肥水管理，适时排灌保持适宜的土壤水分，以增强树体对大风的抗逆抗风能力；

大风过后，及时扶正被风吹倒吹歪的植株，剪除被风吹断的树枝，集中处理。喷洒杀虫剂、杀菌剂和营养剂等防治保护伤口，减少病菌感染，促进果树正常生长。

2.12　热带气旋（台风）

2008 年 9 月 24～25 日，强台风"黑格比"正面袭击广西合浦县，致使该县农业生产遭受严重损失。据了解，这次强台风袭击合浦时，中心风力达 11 级，台风中心经过的地方，不少树木拦腰折断、成片倒伏，满目疮痍。木薯、甘蔗、玉米、水稻、蔬菜等农作物损失惨重。

据统计，仅仅两天时间，全县共有 15 个乡镇、229 个村屯受灾，受灾农业人口 56.7 万人，农作物受灾面积 59.01 万亩，成灾面积共 33.44 万亩，绝收面积 4.67 万亩，种植业直接经济损失 6437.9 万元。

2009 年台风"莫拉克"造成台湾、大陆 500 多人死亡、近 200 人失踪、46 人受伤。台湾南部雨量超 2000 毫米，造成数百亿台币损失，大陆损失近百亿元人民币。

我国自 1990 年以来因台风影响所造成的经济损失平均每年近 260 亿元人民币，自 1988 年以来我国因台风影响所造成人员死亡数平均每年达 453 人。

台风是怎样形成的

生成台风的条件是大规模的高温潮湿空气。热带海面受太阳直射而使海水温度升高，海水蒸发提供了充足的水汽。在海洋面温度超过 26℃以上，因为空气温度高，湿度大，又热又湿的空气大量上升到高空，使近洋面气压降低，外围空气源源不断地补充流入上升去。受地转偏向力的影响，流入的空气旋转起来。而上升空气膨胀变冷，其中的水汽冷却凝结成雨，并释放出大量热能，又促使低层空气不断上升。这样近洋面气压下降得更低，空气旋转得更加猛烈，最后形成了台风。

在热带海洋上发生的热带气旋，其强度差异很大。当热带气旋中心附近最大风力小于8级时称为热带低压，8和9级风力的称为热带风暴，10和11级风力的为强热带风暴，只有中心附近最大风力达到12级的热带气旋才称为台风。

台风对我们生活有什么影响和危害

每年夏秋季节，我国东南部沿海地区频发台风袭击，台风登陆带来的狂风暴雨，常常给当地人民的生命财产安全带来严重威胁和损失。

台风的主要灾害由强风、特大暴雨和风暴潮造成。10级大风就可以拔树倒屋，而台风伴有12级以上的强风，具有可怕的摧毁力。对于我们来说，台风的危害主要表现在：

强风有可能吹倒建筑物、高空设施，易造成人员伤亡，如各类危旧房屋、工棚、临时建筑、围墙、电线杆、树木、铁塔等，造成意外死伤；强风也会吹落高空物品，易造成砸伤砸死事故，如阳台、屋顶上的花盆、空调室外机、雨蓬、太阳能热水器、门窗玻璃、屋顶杂物等容易被风吹落造成伤亡；

特大暴雨（一天之中降雨量可达500~1000毫米）会造成河堤决口，水库崩溃，洪水泛滥，台风暴雨造成的洪涝灾害，瞬息之间使农田、村镇变成汪洋泽国；暴雨容易引发山体滑坡、泥石流等地质灾害，造成生命财产损失；

强台风的风暴潮能使沿海水位上升5~6米，导致潮水漫溢，海堤溃决，冲毁房屋和各类建筑设施，淹没城镇和农田，造成大量人员伤亡和财产损失；风暴潮还会造成海岸侵蚀，海水倒灌造成土地盐渍化等灾害；

另外，每逢台风来临时，风速骤增，气温会大幅度下降，此时极易诱发呼吸道疾病，如感冒、慢性气管炎、支气管炎等；多数冠心病患者对大风降温十分敏感，发生心肌梗死的危险性增大；大风降温对有关节病、胃部疾病的患者也有显著影响。

台风来袭，我们要注意什么

在获得台风预报预警后，我们思想上要高度重视，应该从衣食、住行、疾病预防等方面做好充分准备。

检查住房门窗是否牢固安全，屋顶是否能够承受台风袭击，发现问题要及时修理加固；要收起屋内外的各种悬挂物，防止风吹坠物伤人，将阳台、窗外的花盆等物品移入室内，切断房中电源、火源，特别是明火，最好使用手电筒；

住所不能防御台风，要做好撤离准备，储存饮水，多备两日左右的食物，以及衣被、遮风避雨的物品，准备手电、蜡烛；针对家人身体状况的需求，准备相应的药品，同时还要准备一些防治腹泻、感冒发热及外用止痒的药品；

政府发出转移令后，一定要服从指挥，统一行动，转移到安全地带；台风没有结束，不能私自返回住地；当台风信号解除以后，要在撤离地区被宣布为安全以后才可以返回，并要遵守规定，不要涉足危险和未知的区域；在尚未得知是否安全时，不要随意使用煤气、自来水、电线线路等，并随时准备在危险发生时向有关部门求救；

台风来时尽量不要外出，若不得不外出，一定要着装醒目，遇到风力很大时，要尽量弯腰，慢步行走，尽可能抓住栏杆等固定物，过桥或行走于高处时伏身爬行；

迅速离开危险地带，如低洼地、海塘、水坝边，离开易倒塌、塌方的场所，如危房、简易棚、铁皮屋、猫耳洞，不能靠在围墙旁避风雨；居住在移动房、海岸线、山坡上以及容易被洪水（或泥石流）冲毁的房屋里，要及早撤离，到地势比较高的坚固房子，或到政府指定的避难所；

躲避台风时，不要在高压线、电线杆、广告牌下逗留，以防倒塌压人；不要在大树下躲雨，以防雷击触电；不要在雨中打手机，不要在雨中扛锄头和铁锹等易导电物品；小心踩到掩藏在树、草丛中或掉在水中的电线断头，不要打赤脚，穿雨靴最好，防雨同时起到绝缘作用，预防触电；

台风过后，应仔细检查屋内的水、电路的安全性，对周围环境进行清扫，有条件的最好使用消毒剂消毒，保证饮水卫生，在不能确定自来水是否被污染之前，不要喝自来水或者用它做饭；不吃腐败变质食物，不吃苍蝇叮爬过的食物，不吃未洗净的瓜果等，防止病从口入，预防疾病传播。

台风对农业有什么危害

台风带来狂风暴雨极易引起洪涝灾害，冲毁农田、淹没庄稼、揭翻棚架设施、植株倒伏、灾后病虫害蔓延，对农作物造成极大的危害。

水稻：

在我国，台风登陆往往出现在第三季度，而这个季节是早稻灌浆成熟和收割期，单季晚稻和连作晚稻分蘖盛期、抽穗扬花期和灌浆结实期。台风对早稻的危害主要是影响灌浆成熟、成片倒伏、穗上发芽加重、收割进度推迟等。对单季稻和连作晚稻的危害主要有植株（秧苗）叶片受损、植株生长不良、影响抽穗扬花和灌浆；

台风带来的雨水使稻田受淹，肥料流失较多，植株生活力下降；降水对正处于抽穗开花关键期的水稻危害大，开花授粉受阻，结实率大大降低；台风过后，大量叶片受伤，稻田受淹病源增多，极有利水稻病害发生，稻飞虱和纵卷叶螟也常出现。

蔬菜瓜果：

台风对露地蔬菜瓜果的危害主要是暴雨造成作物长时间淹水，根系生长不良，植株倒伏、茎秆折断；台风带来的狂风暴雨，可直接吹倒瓜豆棚架，打烂菜叶，冲坏菜苗，使瓜豆落花落果，蔬菜生产受到损害；

伴随水位上涨，使低洼菜田积水，土壤渍湿、板结，会降低土壤通透性，引起种子出苗率差、秧苗僵化，死苗严重；

台风对大棚蔬菜瓜果的危害主要是造成大棚设施受损、棚膜撕裂，作物淹水生长不良，甚至死亡；西（甜）瓜等耐湿性较差的作物，淹水后影响更大，发生沤根，植株死亡严重；

湿度大、气温高的闷热天气，容易诱发各类病虫害滋生，灾后蔬菜作物普遍发生病害，软腐病等细菌性病害严重，最后导致产量下降。

棉花：

棉花 7~8 月份处于花铃期，9 月份为铃期和吐絮期，这个时候的台风天气会给棉花的正常生长带来极为不利的影响。

台风对棉花的危害，首当其冲的是植株倒伏，风力使植株叶片破碎、茎秆折断，根系损伤，造成的落铃、落蕾，烂铃增多，即使没有被风吹落的棉桃也因为阴湿天气而大量发霉，不能正常吐絮，这将导致籽棉产量及质量下降；

台风季节正是棉花处于开花结铃、争结优质桃、形成产量最关键的生育时期。日照时间的明显不足，对棉花生长较为不利。植株的吸收功能下降，叶片光合作用减弱，生殖生长和营养生产关系失调，生育期延迟，增节增蕾增花速度减缓，脱落增加，结铃减少；

由于受涝渍影响，水分过多会引起上部秋桃少且晚熟，下部荫蔽烂铃多，易造成棉花减产；棉田积水引起根系生长发育不良，烂花烂铃，影响产量品质，灾后病害蔓延。

果树：

台风对果树的危害主要是由狂风和降水二者分别造成，并且相互叠加，进而引发出更大的灾害，因此台风对于果树危害程度依风速及所挟带的大雨成正比。

强风使果树吹裂叶片、折损枝干、倒伏甚至连根拔起，有时台风还会将海水带到园内，致使叶片焦边或枯干，引发早期落叶；

果树猛烈摆动，枝干、叶片以及果实之间相互摩擦，造成磨擦伤；果面擦伤后，皮层木栓化，严重影响果品质量，特别是对食用品质和商品品质的影响；

大风导致果树大量落果，特别是发育期或接近成熟的果实，甚至绝收；果树的生理机能下降，根系的吸收能力、叶片的光合能力明显降低，不利植株生长；

大雨使果园发生浸水、埋没，低洼地的果树甚至因积水窒息成片死亡，水涝灾害严重；洪水使果园水土流失严重，肥料大量流失，部分果树根系外露或整株冲走；

在生殖生长期，台风造成授粉不良、落花、落果及刺激不时花产生，影响正常产期与产量；此外，台风暴雨天气创造了有利于病害流行的条件，病原菌易从果树受损部位大量入侵。

怎样抵御台风对水稻的危害

营造农田防护林，对已成熟早稻抢在台风灾害前抓紧收割进仓，确保早稻丰收；

做好田间排洪排涝工作，及时疏通沟渠，开好田间排水沟，确保排灌畅通；农田受淹期间，土壤中的有毒物质增多，根系发黑及生长不良，导致伤根、烂根，甚至植株死亡。因此要在田间四周开好排水沟，特别是低洼地一定要开沟排水，但要避免一次性排尽田水，保留田间 3 厘米左右水层，防止高强度叶面蒸发导致植株生理失水枯死；

加强田间管理，抓紧清理台风吹落田间枯株杂物，灌清水冲洗稻株茎杆、叶片上泥土，增强通风透光，减轻病害发生和蔓延；

及时施肥，受淹后，稻田肥料流失较多，植株生活力下降，退水后可根据稻苗长势适当补施肥料，补充土壤养分流失；

台风暴雨过后，受灾作物根系和地上部分都会遭到损伤，这时最有效的办法就是给作物喷施叶面肥。叶面肥不仅可以及时有效地补充作物生长所需的大中量元素和微量元素，更主要的是能有效调节植物体内代谢平衡，使作物生长健壮。灾前使用可以增强作物抵御灾害的能力，提高作物对病菌的防御能力，灾后喷施则可以使受灾作物得以及时补充营养，保持代谢平衡，迅速康复，正常生长，减少灾害造成的损失。如果在灾前和灾后给作物喷施叶面肥，则可以提高作物抵抗灾害和防御病菌侵染的能力，加速受灾作物康复，迅速恢复生机，减少灾害造成的损失；

　　台风过后，秧苗缺氧，植株损伤，病源增多，稻瘟病极易发生危害，稻飞虱和纵卷叶螟也常发生，因此应根据病虫发生实际，及时选用对口农药防治；

　　抓紧补种改种，对受淹严重的连作晚稻田要抓紧联系秧苗进行补种或改种其他作物。

怎样抵御台风对蔬菜瓜果的危害

　　对有上市价值的蔬菜，要积极采收、抓紧上市，重点是抢收易受台风灾害的速生叶菜和已成熟的如番茄、茄子、长豇豆、西瓜等，抓紧采摘上市或进仓库暂时贮存，尽量减少损失；

　　灾前清沟理渠，夯实堤坝，确保排灌通畅，以便灾害时能及时排除田间积水；

　　台风过后，及时修复受损大棚、育苗、灌排等设施，修补覆盖被撕裂或揭翻的棚膜、遮阳网等，以遮荫降温，防止气温骤升和阳光暴晒，引起植株失水枯萎和果实表面高温灼伤，促进作物尽快恢复生长；

　　加强田间管理，及时清理被台风吹落田间的枯枝落叶、尽快清洗受淹植株茎叶，摘除受损严重的枝叶、果实，以利于作物恢复生长，减轻病虫危害；

　　受灾严重或绝收田块，要及时进行改种补播。如补种小白菜、木耳菜等速生叶菜类蔬菜和莴苣、毛豆、甘蓝等秋冬性蔬菜，一方面可保证秋淡蔬菜供应，另一方面可增加收入弥补灾害损失；

　　暴雨冲刷、田间水淹后，肥料流失严重、土壤板结，要及时进行浅中耕除草和培土，以增加土壤的透气性，避免根系外露，烈日暴晒。一旦植株恢复生机，全面补（追）施一次速效肥，弥补流失的土壤养分，以施速效氮肥为主，并辅以磷、钾肥，及时中耕、松土、培土，促进植株尽快恢复生长；

　　加强田间病虫监测，灾后注意防治蔬菜软腐病、霜霉病、疫病、炭疽病、叶霉病、灰霉病、细菌性病害等病害。

怎样抵御台风对棉花的危害

与其他农作物一样，在台风来临之前，需要疏通沟渠，确保排水通畅；同时要根部培土，减轻植株倒伏；

台风暴雨肆虐后，应及时清沟排水，降低田间湿度，使棉花的根系活动不受阻，棉株尽快恢复生长，减少蕾铃脱落；突击扶理棉株，改变田间小气候，改善通风透光条件，减轻倒伏损失；在扶理过程中，要根据棉花倒伏的方向下田，轻轻的将棉花扶正，在基部培土护根，不能用力过猛，以防人为造成机械损伤；

抢摘黄铃，由于棉株受灾后烂铃增加，若不及时抢摘黄铃，将会造成更大损失。抢摘方法，应抢摘外观变黄、枯焦、油点明显或铃尖刚见裂缝的开口黄铃，切不可采摘尚未成熟的青铃；

及时追肥，恢复生机。台风后，棉田经暴雨冲刷，肥料流失多，棉花根系受到损伤，吸肥吸水能力下降，此时要及时适量追施速效氮肥，恢复棉花根系生机，使尚未脱落的蕾就有可能成为有效花蕾，多结秋桃；同时，还要采用叶面喷肥相结合的办法，增强叶片的光合功能，叶面喷肥可选用磷酸二氢钾，每隔 3~5 天喷一次，连喷 3~5 次；

及时防治虫害，棉花主要是防止铃病的发生，及时喷药保护，可有效减轻铃病，减少烂铃的发生；同时加强对斜纹夜蛾、盲蝽蟓、红蜘蛛等害虫防治工作。

怎样抵御台风对果树的危害

果农在选择果园地势时，应选择地势较高、排水良好的园地；建园伊始，就要规划建设好果园防风林带，营造防风林带可显著降低林带背风面近地层的风速，阻挡海潮、风害，改善果园小气候，减轻台风对果树的危害；在果园内可用水泥柱、钢管或竹竿等做支撑骨架，将果树枝干紧紧绑缚在支架上，形成一个牢固的立体式结构，能最大限度地降低台风危害；

慎选果树品种，台风多发地区，尽量选栽成熟期早、矮化、枝壮叶茂、根系发达的能避开台风盛发期的品种，低洼易涝地不要种植桃树等不抗涝果树；冬季对那些树型开张、受风面较宽的树种轻度修剪，以矮化植株，缩小树幅，减低风害；果树栽植的行向，尽量与盛行风向一致；

台风前已成熟的果实，宜提早采收。在果实采收后即进行夏季修剪，将过密的枝条剪除，不但能提高光合作用效率，并使风阻降低，提高抗风的效果；

疏浚沟道，迅速排出内涝积水，降低园内土壤和空气湿度，恢复根系活力，减轻洪涝损失；对那些受暴雨冲刷、果树根部裸露在外，严重影响到生长发育的植株，应及时补施农家肥并进行培土，以恢复树势，增强抗逆性，防止根部被烈日暴晒，脱水干枯，但是台风来临前不要施肥，不要对园面耕锄松土；

扶正被吹倒冲歪的果树，必要时设立保护架固定；对被吹折的枝叶要及时修剪、清除；绑扎、疏整或剪除被大风撕裂的枝条，削平裂口，然后用薄膜包扎或涂保护剂，促进愈合。在清除刮折枝叶的基础上，全面细致地进行一次夏季修剪，剪除刮坏的枝条。有生长空间的，在伤口下方的壮芽处进行短截，以促发新梢；

水淹后园地土壤板结，易引起根系缺氧，待园地表土基本干燥时，及时松土。尽早进行中耕，散发水分，通透空气，促进新根生长；及时追施有机肥、速效化肥，也可喷施植物生长调节剂，使果树尽早恢复树势；

风雨过后，天气转晴，高温多湿的气候环境，给病虫害发生和蔓延提供了有利的条件，须加强病害综合防治。

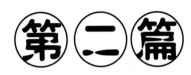

第二篇

地质灾害篇

1. 地质灾害的发生

地质灾害是指在自然或者人为因素的作用下形成的，对人类生命财产、环境造成破坏和损失的地质作用（现象）。如崩塌、滑坡、泥石流、地裂缝、水土流失、土地沙漠化及沼泽化、土壤盐碱化，以及地震、火山、地热害等。

地质灾害都是在一定的动力诱发（破坏）下发生的。诱发动力有的是天然的，有的是人为的。据此，地质灾害也可按动力成因概分为自然地质灾害和人为地质灾害两大类。自然地质灾害发生的地点、规模和频度，受自然地质条件控制，不以人类历史的发展为转移；人为地质灾害受人类工程开发活动制约，常随社会经济发展而日益增多。

2. 主要地质灾害的预防与救护

2.1 地震

2008 年 5 月 12 日 14 时 28 分 04 秒，8 级强震猝然袭来，大地颤抖，山河移位，满目疮痍，生离死别……这是新中国成立以来破坏性最强、波及范围最大的一次地震。地震重创约 50 万平方公里的中国大地！

汶川地震造成四川省 181 个县（市、区）中的 98 个县（市、区）受灾，截至 2009 年 5 月 7 日，全省共有 68712 名同胞遇难，17921 名同胞失踪，其中遇难或失踪学生 5335 名；汶川地震共造成四川 152 万城乡劳动者失业、失地，灾区部分农民失去宅基地 12307 亩，涉及 4.5 万多农户，15.9 万人；损毁灭失耕地 17.6 万亩，使四川 347.6 万户农房受损，累计救治伤病员 445 万人次。

以上数据都是四川省的，均不包括临近的陕西、青海、甘肃的受灾情况。

地震前有什么征兆

地震，是指由地壳剧烈运动引起的突然而强烈的震动，是世界上最严重的自然灾害之一，其造成的伤亡数占自然灾害死亡人数的一半以上。地震常常还严重破坏房屋等工程设施，能引起火灾、水灾、有毒气体泄漏、细菌及放射性物质扩散，还可能造成海啸、滑坡、崩塌、地裂缝等次生灾害。

地震前，在自然界发生的与地震有关的异常现象，我们称之为地震前兆。其常见的地震前兆现象有：

地壳变形；

地下水异常变化：由于地下岩层受到挤压或拉伸，使地下水位上升或下降，天大旱时地下水猛涨，多雨季节时地下水猛降，没有水井之地水大量涌出，有水井之地水急剧下降，地下水突然变浑、变苦、变咸、变甜或变臭，水常常冒泡、翻花、打旋；农谚说："井水是个宝，地震有前兆。无雨泉水浑，天干井水冒。水位升降大，翻花冒气泡。有的变颜色，有的变味道"。

地震前，动物异常，加大量老鼠白天在外活动，猫、狗等因为恐慌狂犬大叫；大量鱼跃出水面，大批青蛙上岸活动；家禽没有食欲，鸡不进窝，鸭不下水，惊啼不止；家里出现大量蟑螂、蟾蜍、蚂蚁；蜜蜂一窝一窝地飞走；震前一、二天，牛、马不进圈，乱蹦乱跳，嘶叫不止，烦躁不安，饮食减少；鸽子、野鸭不回巢；冰天雪地蛇出洞等；农谚说："震前动物有预兆；老鼠搬家往外逃；鸡飞上树猪拱圈；鸭不下水狗狂叫；冬眠麻蛇早出洞；鱼儿惊慌水面跳"。

地震前夕，许多植物也会出现异常现象，比如冬天发芽开花，或者出现大面积枯萎或异常繁荣。

地光：从地下或地面发出的光亮，其光是五光十色的，蓝里发白，较多像电焊火光那种颜色，红色、紫红色的也不少，白、黄、橙、绿等色的也有，此外，还有平时少见的复合色。

地声：是由于震前地下岩石错动，产生大量小裂缝而发出高频的地震波。地震前 10 分钟会听见地声，像石头在相互摩擦。如果地声不断，突然出现变声，说明几分钟之内即将发生大地震，临震前十几秒声音更大，地光和地声都是重要的临震预兆。

震前需要准备什么

地震是我们人类的大敌，现在的科技也不能像天气预报一样预报地震，但是我们可以想方设法减轻地震给我们带来的危害和损失。

要掌握防震减灾知识，提高自我保护意识；

明确地震时的疏散路线和避震场所；

清除楼道和门前的杂物，妥善处置室内易燃易爆物品；关闭煤气，切断电源，熄灭炉子火等；

准备一个救护包，这是逃生时必须携带的东西。救护包里面装着绳子、鞋子、手电筒、饮用水、口哨、简单药品（感冒药、胃药、消炎药、创可贴、消毒喷剂）、收音机、橡胶涂层手套、超薄塑料雨衣、压缩饼干等。根据人们的需要有不同内容和规格，还要定期更新。其实这一点很重要，特别是在多震地区，不要因嫌麻烦而危害到自己的生命；

室内家俱布设要合理，大件家俱摆在墙体薄弱处，桌下、床下不放杂物，床铺最好在离门近处摆放，便于夜震时逃生。

在家里如何避震

地震发生时，至关重要的是要有清醒的头脑，镇定自若的态度。只有镇静，才有可能运用平时学到的防震知识并判断地震的大小和远近。近震常以上下颠簸开始，之后才左右摇摆，远震却少上下颠簸感觉，而以左右摇摆为主，而且声脆，震动小，一般小震和远震不必外逃。

地震预警时间短暂，大地震从开始到振动过程结束，时间不过十几秒到几十秒，因此抓紧时间进行避震最为关键，不要耽误时间。室内避震更具有现实性，而室内房屋倒塌后形成的三角空间，往往是人们得以幸存的相对安全地点，可称其为避震空间。这主要是指大块倒塌体与支撑物构成的空间，如承重墙墙根、墙角、有钢混结构的厕所、大柜旁和跨度较小的房间等。

做好自我保护。首先要镇静，选择好躲避处后蹲下或坐下，脸朝下，额头枕在两臂上，或抓住桌腿等身边牢固的物体，以免震时摔倒或因身体失控移位而受伤；地震发生时可用枕头和坐垫保护头部，如果没有也可用双手抱住头部躲避，保护眼睛，低头、闭眼，以防异物伤害，同时闭上眼睛和嘴巴，用湿毛巾捂住口鼻。

不要去阳台，不要跳楼；不可躲在桌子或床铺下，也不要躲进箱子或柜子里，应迅速趴下，卷曲身体，降低重心躲在墙根、墙脚或坚固家俱旁。

有几秒钟时间的话，可迅速跑到厨房或厕所躲避，一是因为那里空间相对狭小，容易形成避震空间；二是那里可能会有充足的食物和水，有利维持生命。

当大地剧烈摇晃，站立不稳的时候，人们都会有扶靠、抓住什么的心理。身边的门柱、墙壁大多会成为扶靠的对象。但是，这些看上去挺结实牢固的东西，实际上却是危险的。

如果可能的话，切断电源、气源，防止火灾发生；地震引起火灾时要用湿毛巾捂住口鼻，逆风匍匐逃离火场。

在室外如何避震

在发生破坏性地震的地区，从地震发生到建筑物被破坏平均只有 12 秒钟，在这短短的时间内，每个人都必须根据所处的环境迅速作出抉择。

如果发生地震时身处室外，应当远离室外危险物和危险场所。室外危险物包括变压器、电线杆、路灯、广告牌、高大烟囱、水塔、吊车等；危险场所如狭窄通道、危旧房屋、危墙；一旦震动停止，要迅速撤离到安全地方；

如果地震时正在开阔地、农田或路上行走，可以就地卧倒或蹲下，不要乱跑；但是如果在钢架大棚内则要迅速离开跑道棚外，以免被倒塌钢架砸倒；

在山边、陡峭的倾斜地段，有发生山崩、断崖落石的危险，应迅速到安全的场所避难；在海边，有遭遇海啸的危险，应迅速离开；

如果你住的是平房，当遭遇地震时，应迅速从门窗逃出，到开阔安全地带避险；观察当地状况，或原地蹲下，双手抱头，或避开危险物、高大树木和建筑物。

在公共场所如何避震

在会场、体育馆、展览馆、影剧院等场所遭遇地震时，千万不要拥挤，避免因相互挤压而导致人员伤亡；听从现场工作人员的指挥，不要慌乱，不要拥向出口，要避免拥挤，要避开人流，避免被挤到墙壁或栅栏处。

如果我们在商场，应选择结实的柜台、商品（如低矮家俱等）或柱子边，以及内墙角等处就地蹲下，用手或其他东西护头；避开玻璃门窗、玻璃橱窗或柜台；避开高大不稳或摆放重物、易碎品的货架；避开广告牌、吊灯等高耸悬挂物。

地震时，就地蹲下或躲在椅子及坚固物体旁边，注意避开悬挂物，用包或手护住头部。

乘坐电梯时，要迅速将电梯操作盘上各楼层的按钮全部按下，电梯一旦停下，便迅速离开。如果被困在电梯里时，应立即按下电梯内部的紧急呼叫按钮，手机有信号的话，还可用手机求助，千万不要用蛮力硬撬。

自己被埋压怎么办

地震，虽然目前人类还不能完全避免和控制，但是只要能掌握自救技能，就能使灾害降到最低限度。

地震被埋压时最重要的是树立生存信心，沉着冷静，消除恐惧心理，想方设法尽快脱离险境，不能自我脱险时，应设法先将手脚挣脱出来，挪开头部周围的杂物，保持呼吸畅通，清除压在自己身上特别是腹部以上的物体，等待救援。

被埋压人员要头脑清醒，切忌大声喊叫，尽量保存体力，不然会加速新陈代谢，增加氧消耗，使体力下降；因此，在判断附近没有人会听见你叫喊时，要避免无畏的体力消耗。

应尽一切可能与外界联系，采用敲击水管或倒塌墙体的办法发出求救信号；在可以移动的情况下，向有光线和空气流通的方向移动。

　　可用毛巾、衣服等捂住口、鼻，防止因吸入烟尘而引起窒息，设法避开身体上方不结实的倒塌物、悬挂物或其他危险物，用砖、木等支撑残垣断壁，以防余震发生后环境进一步恶化；在可活动的空间里，设法寻找食品、水或代用品，必要时自己的尿液也能起到解渴作用，创造生存条件，耐心等待营救。

　　不要随便动用室内设施，包括电源，水源等，也不要使用明火；闻到煤气及有毒异味或灰尘太大时，设法用湿衣物捂住口、鼻。

　　如果发生开放性创伤，外出血时，应用简易的办法包扎好伤口止血，保持创面清洁，抬高患肢，以免失血太多造成昏迷，同时呼救。

震后怎样救护他人

　　学会并掌握基本的医疗救护技能，如人工呼吸、止血、包扎、搬运伤员和护理方法等。

　　地震是一瞬间发生的，任何人应先保存自己，再展开救助。先救易，后救难；先救近，后救远。

　　挖掘被埋压人员时应保护支撑物，以防进一步倒塌伤人。

　　对埋在瓦砾中的幸存者，先建立通风孔道，以防缺氧窒息。

　　被压者不能自行爬出时，不可生拉硬扯，以免造成进一步受伤；脊椎损伤者，搬运时，应用门板或硬担架。

　　当把被埋时间较长者救出时，一定要马上用毛巾或布蒙住其眼睛，以防突然受到光线刺激而损伤眼睛。

　　从瓦砾中救出伤员后及时检查伤情，遇颅脑外伤、神志不清、血压下降、大出血等危重症时，应优先救护，并尽快送医院。

　　当发现一时无法救出的存活者，应立下标记，以待救援。

震灾后可能会发生哪些疾病

　　地震发生后，灾区人群对病菌的抵抗力下降，另外由于大量房屋倒塌，下水道堵塞，造成垃圾遍地，污水流溢；再加上畜禽、人的尸体腐烂变臭，使得尸体以及伤口成为病菌生长繁殖的理想场所，极易引发一些传染病并迅速蔓延。

震后可能发生的病症包括肠道传染病（霍乱、甲肝、伤寒、痢疾、感染性腹泻、肠炎等）、虫媒传染病（如乙脑、黑热病、疟疾等）、人畜共患病和自然疫源性疾病（如鼠疫、流行性出血热、炭疽、狂犬病等）、经皮肤破损引起的传染病（如破伤风、钩端螺旋体病等）、常见传染病（如流脑、麻疹、流感等呼吸道传染病等），再就是食物中毒和饮水安全。

震灾后，个人怎样防病

地震之后，灾民遇到的最大威胁就是卫生、食品和饮水问题。把好"病从口入"关，是我们必须十分关注的问题。

饮水问题：强烈地震后，供水中断，城乡水井井壁坍塌，井管断裂或错开、淤砂，地表水受粪便、污水以及腐烂尸体严重污染，供水极为困难，有时不得不饮用河水、塘水，沟水和地下遭积水以及雨水，但这有非常大的危险。因此，我们要管理好垃圾、粪便，搞好水源卫生，饮用水源要设专人保护，水井要清掏和消毒，用漂白粉或漂白粉精片（净水片）消毒生活饮用水；饮水时，最好先进行净化、消毒，不喝生水，煮沸后饮用。

食品安全问题：地震后，有很多食品可能受到污染，搞好食品卫生很重要。灾区不能吃的食品包括被水浸泡的食品，已死亡的畜禽、水产品，压在地下已腐烂的蔬菜、水果，来源不明的、无明确食品标志的食品，严重发霉（发霉率在30%以上）的大米、小麦、玉米、花生及其他霉变食品。因此，我们要食用经检验合格的救灾食品，粮食和食品原料要在干燥、通风处保存，避免受到虫、鼠侵害和受潮发霉，必要时进行晒干；霉变较轻（发霉率低于30%）的粮食的处理，可采用风扇吹、清水或泥浆水飘浮等方法去除霉粒，然后反复用清水搓洗，或用5%石灰水浸泡霉变粮食24小时，使霉变率降到4%左右再食用。

个人卫生问题：饭前便后洗手，不吃腐败变质或受潮霉变的食品，不吃死亡的禽畜，不用脏水漱口或洗瓜果蔬菜，碗筷应煮沸或用消毒剂消毒，不随地大小便，不随便乱扔垃圾。

传染病问题：地震后由于环境受到污染，垃圾与废墟分不清，蚊蝇孳生严重，极易引起相关传染病的发生与蔓延。我们要及时消除垃圾、污物、环境消毒、管理好粪便、垃圾；要大范围喷洒药物，用喷雾器在室内喷药，不给蚊蝇留下孳生的场所；在有疟疾发生的地区，要特别注意防蚊，晚上睡觉要防止蚊子叮咬，如果发现病人高热、头痛、呕吐、脖子发硬等症状，应尽快到就近医疗点诊治。

伤病问题：由于地震房屋倒塌，地面裂缝，山体坍塌，江河污染等原因，造成人员外伤，易引起破伤风、钩端螺旋体病和经土壤传播的疾病发生。凡是皮肤破损的人员必须及时注射破伤风抗毒素，对伤口进行清创缝合，给予有效的抗炎对症治疗，破损的伤口不要与土壤直接接触。

另外，每一位灾民都应力求保持乐观向上的情绪，注意身体健康。要根据气候的变化随时增减衣服，注意防寒保暖，预防感冒、气管炎、流行性感冒等呼吸道传染病。

2.2 海啸

2004 年 12 月 26 日上午，在印度尼西亚苏门答腊岛西南印度洋深海下的地壳运动发生突变，形成了地球历史上有地震记录以来的第三大的地震海啸。这次巨震，在几秒之内，使海洋底部突然出现了一个百公里宽、上千公里长、几米深的大坑。由此而来的剧烈海水震荡，相当于 100 万枚投在日本广岛原子弹的能量。瞬间，人和岸边的一切就消失在巨浪之中了。

海啸爆发前有什么前兆
海啸是一种具有强大破坏力的海水剧烈运动。海底地震、火山爆发、水下塌陷和滑坡等都可能引起海啸。其中海底地震是海啸发生的最主要原因，历史上的特大海啸都是由海底地震引起的。

常见的海啸登陆前兆现象大致有四种：一是海水异常的暴退或暴涨；二是离海岸不远的浅海区，海面突然变成白色，其前方出现一道长长的明亮的水墙；三是地面强烈震动，位于浅海区的船只突然剧烈地上下颠簸，可能由海洋地震引起，不久可能发生海啸，因为地震波先于海啸到达近海岸；四是突然从海上传来异常的巨大响声，在夜间尤为令人警觉。

海水越深，海啸波速度越快，海水越浅，海啸波速度越慢。当海啸波由远离海岸的深海区，进入海岸附近的浅海区后，波速便急剧降下来，后面的波速依然很快，后波就追上了前波，前后波相叠加，便使波浪的高度倍增，形成几米、甚至几十米高的巨浪。海面上也会响起巨大的、惊人的、可怕的咆哮声。四种前兆现象，是海啸临近的标志，是灾难预警信号。它警示人们：海啸即将登陆，要生存，赶快向高处逃跑，否则，长则十几分钟，短则几分钟，甚至只有几十秒，就会被巨浪吞没。

遭遇海啸怎样避险

海啸前避险：

地震海啸发生的最早信号是地面强烈震动，地震波与海啸的到达有一个时间差，正好有利于人们预防；地震是海啸的"排头兵"，如果感觉到较强的震动，就不要靠近海边、江河的入海口；如果听到有关附近地震的报告，要做好防海啸的准备；要记住，海啸有时会在地震发生几小时后到达离震源上千公里远的地方。

如果发现潮汐突然反常涨落，海平面显著下降或者有巨浪袭来，并且有大量的水泡冒出，都应以最快速度撤离岸边。

海啸前海水异常退去时往往会把鱼虾等许多海生动物留在浅滩，场面蔚为壮观。此时千万不要前去捡鱼或看热闹，应当迅速离开海岸，向内陆高处转移。

每个人都应该有一个急救包，里面应该有足够72小时用的药物、饮用水和其他必需品，这一点适用于海啸、地震和一切突发灾害。

发生海啸时避险：

发生海啸时，航行在海上的船只不可以回港或靠岸，应该马上驶向深海区，深海区相对于海岸更为安全；因为海啸在海港中造成的落差和湍流非常危险，船主应该在海啸到来前把船开到开阔海面；如果没有时间开出海港，所有人都要撤离停泊在海港里的船只。

海啸登陆时海水往往明显升高或降低，如果看到海面后退速度异常快，立刻撤离到内陆地势较高的地方。

不能喝海水，海水不仅不能解渴，反而会让人出现幻觉，导致精神失常甚至死亡。

不要因顾及财产损失而丧失逃生时间。

遭遇海啸如何自救

如果在海啸时不幸落水，要尽量抓住木板等漂浮物，同时注意避免与其他硬物碰撞。

在水中不要举手，也不要乱挣扎，尽量减少动作，能浮在水面随波漂流即可。这样既可以避免下沉，又能够减少体能的无谓消耗。

如果海水温度偏低，不要脱衣服。

尽量不要游泳，以防体内热量过快散失。

尽可能向其他落水者靠拢，既便于相互帮助和鼓励，又因为目标扩大更容易被救援人员发现。

海啸发生时如何救护他人

人在海水中长时间浸泡，热量散失会造成体温下降。溺水者被救上岸后，最好能放在温水里恢复体温，没有条件时也应尽量裹上被、毯、大衣等保温；注意不要采取局部加温或按摩的办法，更不能给落水者饮酒，饮酒只能使热量更快散失；给落水者适当喝一些糖水有好处，可以补充体内的水分和能量。

如果落水者受伤，应采取止血、包扎、固定等急救措施，重伤员则要及时送医院救治。

要记住及时清除落水者鼻腔、口腔和腹内的吸入物；具体方法是：将落水者的肚子放在你的大腿上，从后背按压，将海水等吸入物倒出；如心跳、呼吸停止，则应立即交替进行口对口人工呼吸和心脏挤压。

2.3　泥石流

2010年8月7日晚11时左右，舟曲县城东北部山区突降特大暴雨，降雨量达97毫米，持续40多分钟，引发三眼峪、罗家峪等四条沟系特大山洪地质灾害。8日凌晨，当近二百万立方的泥石流，被数百万立方的水挟带着，以快过人类奔跑的速度冲向沉睡的舟曲县时，悲剧就此定格。泥石流长约5千米，平均宽度300米，平均厚度5米，总体积200余万立方米，流经区域被夷为平地，绝大部分群众没有来得及逃生。泥石流进入舟曲县城并涌入白龙江，形成堰塞湖，给群众的生命财产和生产生活造成了巨大的损失和重大困难。此次特大山洪地质灾害灾情之大、伤亡人数之多、损失之严重在甘肃乃至全国都是少见的。

此次灾害涉及2个乡镇、10个行政村、重灾村6个，受灾人数达4496户、20227人，水毁农田1417亩，水毁房屋307户、5508间，进水房屋4189户、20945间，机关单位办公楼水毁21栋。截至9月4日，舟曲特大山洪泥石流灾害中遇难1478人，失踪287人，受伤住院人数72人。

泥石流的爆发有什么征兆

泥石流是山区沟谷或斜坡上由暴雨、冰雪消融等引发的含有大量泥沙、石块、巨石的特殊洪流。泥石流常与山洪相伴，其来势凶猛，在很短时间里，大量泥石横冲直撞出沟外，并在沟口堆积起来。

泥石流爆发前，遇雨时，坡体上有明显的裂缝、坡体前部存在临空空间，坡度较陡或坡体成孤立山嘴或为凹形陡坡，这预示着泥石流可能发生。

连续长时间的降雨后，冲刷山体沟壑，有可能会爆发泥石流。

泥石流来临前，沟谷会发出沉闷的声音，这是泥石流携带巨石撞击而产生的，沟谷深处变昏暗或有轻微震荡感。

沟槽突然断流或洪水突然增大，沟水变浑并夹有较多柴草、树木，可能是上游有滑坡活动进入沟床，或泥石流已发生并堵断沟槽，这是泥石流即将发生最明显的前兆。

泥石流的发生有什么规律

季节性

我国泥石流的爆发主要是受连续降雨、暴雨，尤其是特大暴雨集中降雨的激发。因此，泥石流发生的时间规律是与集中降雨时间规律相一致，具有明显的季节性，一般发生在多雨的夏秋季节。

周期性

泥石流的发生受暴雨、洪水、地震的影响，而暴雨、洪水、地震总是周期性地出现。因此，泥石流的发生和发展也具有一定的周期性，且其活动周期与暴雨、洪水、地震的活动周期大体相一致。当暴雨、洪水两者的活动周期相叠加时，常常形成泥石流活动的一个高潮。

泥石流的发生有什么诱发因素

自然因素：

水源是诱发泥石流的重要自然因素，而暴雨地带的气候特点，为泥石流提供了足够的水源；高山冰川的积累与消融也提供了特定地区发生泥石流的水源和动力。

强烈而且频繁的地震，导致岩体破碎，山体失去稳定性，松散的固体物质储量大，易催化泥石流的发生。

人为因素：

人类不合理的工程活动是诱发泥石流的因素之一，在不合理修建铁路、公路、水渠以及其他工程建筑的过程中，破坏了山体，又存在不合理的弃土、弃渣和采石活动，容易诱发泥石流。

人们缺乏保护自然、预防泥石流的相关知识，滥垦滥伐、开垦荒地，严重破坏森林植被、树木，使山坡失去保护、土体疏松、冲沟发育，造成严重的水土流失，破坏了山坡的稳定性，为泥石流产生创造了条件，俗话说"山上开亩荒，山下冲个光"就是这个道理。

在野外如何防止遭遇泥石流

雨天不要在野外沟谷中长时间停留或行走，下雨天在沟谷中放牧或劳动时，不要停留过长时间。

一旦听到上游传来异常声响或连续不断沉闷的响声，应立即向两侧山坡上转移，在穿越沟谷时，应先观察，确定安全后方可穿越沟谷。

去野外游玩或劳作前要了前掌握当地的气象趋势及灾害预报。

怎样预防泥石流灾害

外出前要了解当地的近期天气实况和未来数日的天气预报及地质灾害气象预报。

下雨的天气，不要贸然进入深山，在山谷行走遭遇大雨时，要迅速转移到安全的高地，离山谷越远越好，不要在谷底停留。

我们在建房时，尽量不要建在沟口和沟道上，要选择远离沟口，且地势高平的地区建房，因为绝大多数沟谷都有发生泥石流的可能。因此，房屋不能占据泄水沟道，也不宜离沟岸过近。

不要在沟谷中随意弃土、弃渣、堆放垃圾，也许这将给泥石流的发生提供固体物源、促进泥石流的活动；因此，在雨季到来之前，最好能主动清除沟道中的障碍物，保证沟道有良好的泄洪能力。

在所居住的村庄附近营造一定规模的防护林，保护和改善山区生态环境，提高植被覆盖率，这样不仅可以抑制泥石流形成，降低泥石流发生频率，而且即使发生泥石流，也多了一道保护生命财产安全的屏障。

注意观察周围环境，特别是在雨季要经常查看村庄周围或房屋旁边的山坡、沟谷有无异常情况，如：山体有无裂缝，沟谷中松散土石堆积情况，下游河水水量的大小，如果发现下暴雨时的水量比平时还要少，则很可能是上游有滑坡堵河，溃决型泥石流即将发生。这时要紧急撤离到安全地带，并向村民发出撤离信号。

泥石流来时，怎样自救

如果我们正在沟谷内逗留或劳作时，不幸遇上泥石流，切不可惊慌，必须遵循规律采取以下应急避险措施：

根据各种现象判断泥石流发生之后应立即逃逸，选择最短最安全的路径向沟谷两侧与泥石流成垂直方向的山坡或高地跑，切忌顺着泥石流前进方向奔跑。

不要停留在坡度大，土层厚的凹处；不要上树躲避，因泥石流可扫除沿途一切障碍。

避开河（沟）道弯曲的凹岸或地方狭小高度又低的凸岸。

不要躲在陡峻山体下，防止坡面泥石流或崩塌的发生。

长时间降雨或暴雨渐小之后或雨刚停不能马上返回危险区，泥石流常滞后于降雨暴发。

白天降雨较多后，晚上或夜间密切注意雨情，最好提前转移、撤离。

我们切忌在危岩附近停留，不能攀登危岩，不能在凹形陡坡危岩突出的地方避雨、休息和穿行。

如果泥石流把我们困住，应想方设法寻找山果等充饥，等待政府救援物资；水源污染后，应立刻停止使用被污染的水，以免发生中毒现象，但可收集雨水进行饮用。

受灾后，怎样救护他人

泥石流对人的伤害主要是泥浆使人窒息。为此，将压埋在泥浆或倒塌建筑物中的伤员救出后，应立即清除口、鼻、咽喉内的泥土及痰、血等，排除体内的污水；对昏迷的伤员，应将其平躺，头后仰，将舌头牵出，尽量保持呼吸道的畅通，必要时做人工呼吸或心肺复苏；如有外伤应采取止血、包扎、固定等方法处理，然后转送急救站。

2.4　滑坡

2010 年 9 月 1 日 22 时 22 分，云南省保山市隆阳区瓦马乡突降单点性暴雨，导致河东村大石房村民小组发生滑坡灾害，由于村寨集中，灾害发生突然，当地群众无时间避让，造成该村民小组 21 户受灾。截至 9 月 4 日 15 时 55 分，发生在云南省保山市隆阳区瓦马乡大石房村民小组的特大山体滑坡已致 22 人死亡，26 人失踪。

造成这次特大地质灾害的原因是由于大石房村民小组所处地域地质条件脆弱、岩土体松软，连日降水已超过 120 毫米，加之山高坡陡，平均坡度超过 45 度，土质饱水软化后，造成总长约 300 米、宽约 35 米、厚度 4 米多、总体量约 4 万方的特大山体滑坡自然灾害。

滑坡发生前有什么征兆

滑坡是指山坡在河流冲刷、降雨、地震、人工切坡等因素影响下，土层或岩层整体或分散地顺斜坡向下滑动的现象。

不同类型、不同性质、不同特点的滑坡，在滑动之前，均会表现出不同的异常现象，但一般都有一些共同的预兆。

大滑动之前，在滑坡前缘坡脚处，有堵塞多年的泉水复活现象，或者出现泉水（井水）突然干枯，井（钻孔）水位突变等类似的异常现象。

当斜坡局部深陷，而且该沉降与地下存在的洞室以及地面较厚的人工填土无关时，将有可能发生滑坡。

在滑坡体中，前部出现横向及纵向放射状裂缝，它反映了滑坡体向前推挤并受到阻碍，已进入临滑状态；滑坡体前缘坡脚处，土体出现上隆（凸起）现象，这是滑坡明显的向前推挤现象。

滑坡体上多处房屋、道路、田坝、水渠出现变形拉裂现象；滑坡体上电杆、烟囱、树木、高塔出现歪斜，说明滑坡正在蠕滑。

泉水、井水的水质浑浊，原本干燥的地方突然渗水或出现泉水蓄水池大量漏水现象；地下发生异常声响，而在出现这种响动的同时，家禽、家畜有异常反应。

滑坡发生的诱发因素

自然因素：

滑坡的发生和地质构造有很大关系，如断裂带、地震带等。通常地震烈度大于7度的地区，坡度大于25度的坡体，在地震中极易发生滑坡，因为地震引起坡体晃动，破坏坡体平衡；断裂带中的岩体破碎则非常有利于滑坡的形成。

在滑坡区，存在松散的覆盖层、黄土、泥岩、页岩、片岩等岩、土的存在，为滑坡的形成提供了良好的物质基础。

暴雨的发生是导致滑坡的重要因素，在滑坡区，大雨、暴雨和长时间的连续降雨、融雪为滑坡发生提供了极其有利的诱发因素，因为雨水会不断地冲刷坡脚或浸泡坡脚、削弱坡体支撑或软化岩、土，降低坡体强度。

人为因素：

修建铁路、公路、依山建房、建厂等工程，常常因使坡体下部失去支撑而发生下滑。

水渠和水池的漫溢和渗漏，工业生产用水和废水的排放、农业灌溉等，均易使水流渗入坡体，加大孔隙水压力，软化岩、土体，增大坡体容重，从而促使或诱发滑坡的发生。水库的水位上下急剧变动，加大了坡体的动水压力，也可使斜坡和岸坡诱发滑坡发生。

此外，劈山开矿的爆破作用，可使斜坡的岩、土体受振动而破碎产生滑坡；在山坡上乱砍滥伐，使坡体失去保护，便有利于雨水等水体的入渗从而诱发滑坡，等等。

怎样预防滑坡

选择安全、稳定场地建房，在村庄规划建设过程中合理利用土地，村民住宅必须避开可能遭受滑坡危害的地段。

不在房前屋后开挖坡脚，若开挖坡脚，要及时砌筑留足排水孔维持边坡稳定的挡墙。

不随意在斜坡上堆弃土石，对采矿、采石、修路、挖塘过程中形成的废石、废土，不能随意顺坡堆放，特别是不能在房屋的上方斜坡地段堆弃废土。当废弃土石量较大时，必须设置专门的堆弃场地。

处理村庄及房屋前后渗漏引水沟渠，汛前疏通村内和村庄周边排水沟渠，日常生产、生活中，要防止农田灌溉、乡镇企业生产、居民生活引水渠道的渗漏，尤其是渠道经过土质山坡时更要避免渠水渗漏。一旦发现渠道渗漏，应立即停水修复。

注意发现滑坡前兆，如山坡上出现裂缝、斜坡局部沉降、斜坡上建筑物变形、泉水井水异常变化、地下发出异常声响等，当发现房屋及场院突然开裂，或斜坡出现裂缝，应及时向当地政府报告异常情况，并事先设计好撤离路线，及时撤离灾害危险区。

对植被条件差的滑坡体及周边植树种草，在有滑坡隐患的地方采用网状结构固化山体坡面。

由于滑坡灾害绝大多数发生在雨季，夜晚发生滑坡较白天发生滑坡的损失更大。因此，雨季特别是雨季的夜晚最好不要在滑坡危险区逗留，应及时撤离。

滑坡发生时怎样应急避险

当遇到滑坡正在发生时，首先应镇静，不可惊慌失措，然后采取必要措施迅速撤离到安全地点。

跑离时，以向两侧跑为最佳方向，切忌不要在逃离时朝着滑坡方向跑，更不要不知所措，随滑坡滚动，千万不要将避灾场地选择在滑坡的上坡或下坡。

要迅速环顾四周，向较为安全的地段撤离。一般除高速滑坡外，只要行动迅速，都有可能逃离危险区段。当遇到无法跑离的高速滑坡时，更不能慌乱，在一定条件下，如滑坡呈整体滑动时，原地不动，或抱住大树等物，不失为一种有效的自救措施。

当你无法继续逃离时，可躲避在结实的障碍物下，或蹲在地坎、地沟里，应注意保护好头部，可利用身边的衣物裹住头部。

滑坡停止后，不应立刻回家检查情况。因为滑坡会连续发生，贸然回家，从而遭到第二次滑坡的侵害。只有当滑坡已经过去，并且自家的房屋远离滑坡，确认完好安全后，方可进入。

处于尚未滑动的滑坡危险区，一旦发现可疑的滑坡活动时，应立即报告邻近的村、乡、县等有关政府或单位，以便组织有关政府、单位、部队、专家及当地群众参加抢险救灾活动。

滑坡后怎样救护他人

当发现受害者时，应首先清除患者口中污物，然后使其头部后仰，下颌抬起，并为其松衣解带，以免影响胸廓运动，保持呼吸道畅通。

必要时进行人工呼吸。救护者位于患者头部一侧，一手托起患者下颌，使其尽量后仰，另一手掐紧患者的鼻孔，防止漏气，然后深吸一口气，迅速口对口将气吹入患者肺内。吹气后应立即离开患者的口，并松开掐鼻的手，以便使吹入的气体自然排出。

如果患者心跳停止，应在进行人工呼吸的同时，立即施行心脏按摩。若有 2 人抢救，则一人心脏按压 5 次，另一人吸气 1 次，交替进行。若单人抢救，应按压心脏 15 次，吹气 2 次，交替进行。一般要在吹气按压 1 分钟后，检查患者的呼吸、脉搏一次，以后每 3 分钟复查一次，直到见效为止。

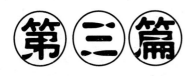

第三篇

生活预警篇

1. 危险就在身边

　　生活就像彩虹，赤橙黄绿青蓝紫什么都有，有幸福的，有痛苦的，有平安的，也有忧恸的。但是在风平浪静中，在不经意间，也许灾祸就从天而降了。

　　我们往往对那些在车祸中、自然灾害中血淋淋的事实恐惧万分，并时时提醒自己要小心、提高警惕。可是对在生活中随时随处可见的危险却总是置若罔闻，这可能是因为引起大规模人员伤亡的危险远比慢性致命危险更令人恐慌。就像上床下床似乎是最简单的动作，可每年从床上摔下致死的美国人是遭闪电击中致死人数的10倍。

　　早上去刷牙，牙膏中可能含有致癌物；牛奶不能喝，常常有三氯氰胺；不要在小店里就餐，地沟油会导致我们慢性中毒；不能吃零食，通常是三无食品；洗完手未擦干就去拔插头，也许就会一命呜呼；在有滋有味中欣赏电视节目，可在不知不觉中"睡着"了，原来是煤气中毒了……

　　下面介绍几种危害极大的生活突发事件。

2. 生活危险事件的预防与救护

2.1 触电

　　小唐和妈妈一起买来一台电扇，到家后插上电源。当手刚碰到底座上的电源开关时，就发出一声惨叫，人当即倒地，外壳带电的电扇从桌子上摔下，压在小唐胸部。正在隔壁房间午睡的爸爸闻声起来，发现儿子触电，立即拔掉插头，并且打120来救人。但由于天气炎热，小唐只穿短裤汗衫，赤脚着地，触电倒地后，外壳带220V电压的电扇又压在胸部，所以心脏流过较大电流而当即死亡。

　　后来仔细检查，电扇和随机带来的导线、插头绝缘良好，接线正确。问题出在插座上。由于插座安装者不按规程办事，误把电源火线接到三眼插座的保护接地插孔，而随机带来的插头是按规定接线的，将电扇的外壳接在插头的保护地桩头上。这样当插头插入插座后，电扇外壳便带220V电压，造成触电死亡的事故。

什么是电伤和电击

　　电是我们不可缺少的朋友，但任何事物都有两面性，当它给你带来财富与享受时，也许背后就隐含着风险与灾难。就像电一样，它也是一只十分可怕的"老虎"，我们对它必须小心谨慎。否则，当人体直接接触它的时候，就会发生非死即伤的惨剧。

　　触电对人的伤害主要是电伤和电击。

电伤是指电流对人体局部的损伤。轻者只见皮肤灼伤，重者可伤及肌肉、骨骼，电流入口处的组织会出现黑色碳化。电击则是指电流对人体整体的损伤。电击伤后，电流通过人体内部，破坏人的心脏、神经系统或肺部的正常功能，甚至破坏内部组织而造成伤害；轻者会出现恶心、心慌、头晕和短暂的意识丧失，恢复后通常不会留下后遗症。重者可致休克、心跳骤停，甚至死亡。

家庭电路引起的触电情况很普遍，家庭电路中有两根电线，一根是火线，一根是零线。家庭电路触电事故，都是人体直接或间接与火线连通造成的。一种是单线触电，即人站在地上，手触到了火线或触到了与火线相连的物体；另一种是双线触电，人的两手分别接触火线、零线而触电。

触电危险性的产生有什么原因

在所有人身触电伤亡事故中，既有因不懂有关电的知识而违章操作造成的事故，也有由于电气设备制造不良或运行中出现故障使人触电伤亡的事故，还有电气设备安装不合格带来的触电事故，以及由于粗心大意而造成的事故，等等。

缺乏电气安全知识：由于我们的电气安全教育不够，经验不足，以及思想麻痹等，致使用手触摸破损的胶盖刀闸，玩弄带电导线，用手触摸灯头、插座或拉线，游泳不慎等而触电。

季节、气候的引发：在大多数触电事故中，以每年二、三季度事故较多，六至九月最集中。主要是由于这段时间天气炎热、人体衣单而多汗，皮肤电阻降低，容易导电，触电危险性较大；还由于这段时间多雨、潮湿、电气设备绝缘性能降低等。电扇用电或临时线路增多，空调也增加了人触电的机会，特别是空调安装上的隐患。

违反操作规程：有的时候我们会贪图方便，湿手不擦干就去接触带电设备；摆弄带电设备时不穿绝缘鞋；特别是我们现在拥有大量的手机、MP3、MP4等通讯或视听工具，经常在插电板上充电，充完电后便用一只手拔插头等，这都很容易触电。

电气设备不合格：电气设备漏电；台灯、洗衣机、电饭煲等家用电器外壳没有接地，漏电后碰壳；电线或电缆因绝缘磨损或腐蚀而损坏。

维修不善：如大风刮断的低压线路未能及时修理；胶盖开关或插座破损长期不修；低压接户线、进户线破损漏电等。

如何预防触电

触电事故大多数发生在用电设备和带电线路上。在所有的事故中，无法预料和不可抗拒的还是极少数，大量的触电事故还是可以采取切实的措施来预防的。触电事故的多数原因是人为造成的。用电中注意以下问题，可以预防触电事故。

加强安全教育。据统计，电击人身伤亡事故的发生率，农村高于城市，虽然城市居民的用电器具要多于农民，但是在成年人触电事故中，农民触电事故占了将近2/3。可见，触电人身伤亡事故的发生率与用电器具的数量不成正比，而与文化程度、安全意识成反比。因此，我们应该加强用电安全知识的宣传教育，从而提高防范触电的能力。

保证人身与带电体的安全距离。注意电气安全距离，不进入已标识电气危险标志的场所；大家在路上、野外或大风天气时，遇到落在地上的电线，一定要绕行，也许那就是带电的高压线；我们在户外行走时应尽量避开电线杆的斜拉铁线，因为拉线的上端离电力线很近，在恶劣天气里有时可能出现意想不到的情况而使拉线带电；如果发现供电线路断落在水中使水带电的情况，千万不要自行处理，应当立即在周围做好记号，提醒其他行人不要靠近，并要及时打电话通知供电部门紧急处理。

谨慎购买电气产品。不要购买"三无"的假冒伪劣的家电产品和用电设备，应到正规的商店购买，使用合格产品，这样它的安全性才有可靠的保证。

请记住当发生电器火灾时，应立即切断电源，用黄砂、二氧化碳灭火器灭火，切不可用水或泡沫灭火器灭火。

及时维修。损坏的开关、插销、电线等应赶快修理或更换，不能将就使用，也不要私自摆弄，在自己无法解决时，一定要找电气承装部门或电工来改修。保险盒要完善，保险丝熔断时，必须及时找出原因，换上同等容量的保险丝，不可用铜丝或铁丝代替。

严格操作规程。当人体出汗或手脚潮湿时，不要操作电器设备；灯头用的软线不要东拉西扯，扯灯照明时，不要往铁线上搭；不要用湿抹布擦电线、开关和插销；移动台灯、收音机、电视机等电气用具时，必须先断开电源，然后再移动；晒衣服或搭手巾时不要搭在电线上；不得将三脚插头擅自改为二脚插头，也不得直接将线头插入插座内用电；电灯开关最好用拉线开关，尤其是土地潮湿的房间里，不要用床头开关和灯头开关。

预防雷击。在雷雨天不要到高树及古老的建筑物下避雨，更不要在架空变压器下避雨，雷击和暴雨容易引起裸线或变压器短路、放电，对人身安全构成威胁；同时绝对不要将金属器物握在手中，慎用伞尖为金属杆的雨伞。

触电时怎样自救

如果是自己触电，附近又无人，此时就需要进行自救。

在触电后的最初几秒钟内处于轻度触电状态，人的意识并未丧失。触电后会被吸住，是因为交流电可引起肌肉痉挛，所以手部触电后就会出现一把抓住电源的现象。此时，触电者可用另一只手迅速抓住电线的绝缘处，将电线从手中拉出。如果触电时电线或电器固定在某一位置的，则可用脚猛力蹬墙、柜子或其他重物，同时身体向后倒来借助身体重量甩开电源。

如果遇到高压线刚好落在身边，首先不要惊慌，更不能撒腿就跑，应该并足或单足跳离20米以外，防止跨步电压触电。

怎样救护触电者

不要贸然上前去直接接触触电者，除非有一定的条件，否则这样对你是很危险的。一旦发现人在水中触电倒地，千万不要急于靠近搀扶。必须在采取应急措施后才能对触电者进行抢救，否则不但救不了别人，而且还会导致自身触电。

现场抢救触电者的原则是八字方针：迅速、就地、准确、坚持。

迅速——争分夺秒使触电者脱离电源。

就地——必须在现场附近就地抢救，千万不要长途送往供电部门、医院抢救，以免耽误抢救时间。

准确——人工呼吸法的动作必须准确。

坚持——只要有百分之一希望就要尽百分之百努力去抢救。

救护触电者的操作规程是什么

救助者应首先使触电者迅速脱离电源，但不可用手直接去拉触电者，可采用下列方式来切断电源：

闭电源开关、拉闸、拔去插销；或用不导电物体如干燥的木棍、竹棒等物挑开和隔绝电流，使伤员尽快脱离电源。假如触电者的衣服干燥，又没有紧缠住身上，可以用一只手抓住他的衣服，拉离带电体；急救者切勿直接接触触电伤员，如触电者的皮肤或鞋，防止自身触电而影响抢救工作的进行。

以上阻断电源的做法只适合低压触电者。

当伤员脱离电源后，应根据触电者的具体情况，迅速对触电者采取施救措施。一般人触电后，会出现神经麻痹、呼吸中断、心脏停止跳动等征象，外表上呈现昏迷不醒的状态，但这也许不是死亡。发现呼吸、心跳停止时，应立即就地抢救。

轻症：即神志清醒，呼吸心跳均自主者，伤员就地平卧，严密观察，暂时不要站立或走动，防止继发休克或心衰。

重者：即出现有心跳，无呼吸；有呼吸，无心跳；呼吸、心跳全无等三种情况。出现以上紧急情况主要救护方法是人工呼吸法和胸外心脏挤压法。

现场抢救中，不要随意移动伤员，若确需移动时，抢救中断时间不应超过 30 秒。移动伤员或将其送医院，除应使伤员平躺在担架上并在背部垫以平硬阔木板外，应继续抢救，心跳呼吸停止者要继续人工呼吸和胸外心脏按压，在医院医务人员未接替前救治不能中止。

方法一：人工呼吸法

人工呼吸法是针对"有心跳而呼吸停止"的触电者。这种方法是使气体有节律地进入肺部，再排出体外，使触电者获得氧气，排出二氧化碳，人为地维持呼吸功能的一种有效方法。

施行人工呼吸法的要领是：在做人工呼吸前，应迅速将触电者身上妨碍呼吸的衣领、上衣、裙带等解开；清除触电者口腔内脱落的假牙、血块、呕吐物等，使呼吸道畅通。

将触电者仰卧，头部充分后仰，使鼻朝上。一只手托住病人颈后，将颈部上抬，用另一只手捏住触电者的鼻子，保证吹气时不漏气。

操作者用中等深度呼吸，把口紧贴触电者的口，缓慢而均匀地吹气，使触电者胸部扩张，要观察胸部起伏程度来掌握吹气量。每次吹气的时间约为2秒钟，吹气完毕后，立即离开触电者的口，并松开触电者的鼻孔，让他自行呼气，时间约3秒。如此以每分钟约12次的速度进行。

触电者嘴不能掰开时，可进行口对鼻吹气。方法同上，只是要用一只手封住嘴以免漏气。

按照上述步骤连续不断地进行操作，直到触电者开始呼吸为止。

方法二：胸外心脏挤压法

胸外心脏挤压法是针对"有呼吸而心搏停止"的触电者。

胸外心脏按压是现场抢救最实用而有效的心脏复苏方法。首先确定胸外心脏按压部位，通常取胸骨的中下1/3为按压点。对于没有乳房发育的人可取两乳头连线中点为胸外心脏按压部位。

这种方法是有节律地按压胸骨下部，间接压迫心脏，排出血液，然后突然放松，让胸骨复位，心脏舒张，接受回流血液，强迫心脏恢复自主跳动的急救方法。

其要领是：

将触电者仰卧在硬板上或地面上，松开衣服和裤带。不能卧在软床上或垫上厚软物件，否则会抵消挤压效果。

救护者跪在触电者一侧或骑跪在其腰部两侧，两手相迭，手掌根部放在伤者心窝上方、胸骨下，掌根用力向下压，压迫心脏使心脏内血液搏击。挤压后突然放松，掌根不必离开胸膛，让患者胸廓自动复原，血液充满心脏。以每分钟60次速度进行。

挤压时要有节奏，每秒钟一次为宜，患者系儿童，可以只用一只手挤压，用力要轻，以免损伤胸骨，每分钟以挤压100次左右为宜。挤压用力要适当，过猛会造成患者内伤，过小则无效。

按照上述步骤，连续有节奏地进行，每秒钟一次，一直到触电者的嘴唇及身上皮肤的颜色转为红润，以及摸到动脉搏动为止。

一旦触电者的呼吸和心跳都停止了，则应当同时进行人工呼吸和胸外心脏挤压，以建立呼吸和血液循环，恢复全身器官的氧供应。

现场抢救最好能两人分别施行口对口人工呼吸及胸外心脏按压，以1∶5的比例进行，即人工呼吸1次，心脏按压5次。如现场抢救仅有1人，用15∶2的比例进行胸外心脏按压和人工呼吸，即先作胸外心脏按压15次，再口对口人工呼吸2次，如此交替进行，抢救一定要坚持到底。

如果现场仅有一个人抢救，则两种方法交替用：每吹气换气2～3次，再挤压10～15次。吹气时应保持患者胸部放松，只可在换气时进行挤压。

2.2 燃气中毒

新华社等多家媒体曾报道：2008年12月1日晚，陕北榆林市定边县堆子梁中学发生12名女生一氧化碳中毒事故。截至第4日中午，11名学生抢救无效死亡，另一名中毒学生经过抢救基本脱离危险。据调查，这12名学生中最小的只有9岁，最大的也只有

11 岁，事故的原因是她们因用炭炉取暖不慎造成一氧化碳中毒的。

什么是一氧化碳中毒

燃气给人们的生活带来很大方便的同时，也给我们造成了无数的悲剧，留下了危险和灾难的隐患。我们日常生活使用的燃气，主要是液化石油气、天然气和人工煤气。它们燃烧不充分或泄漏都会导致一氧化碳中毒。

另外，在农村乡镇，不少家庭用炭火做饭或冬天用炭火取暖，其实这也存在不小的风险，因为炭火燃烧发出的气体是有毒的一氧化碳。

一氧化碳气体无色、无味、有剧毒。人在吸入一定量的一氧化碳后，2～3分钟后便失去知觉，人会因血液中缺氧而窒息中毒或致死亡。

在农村，一氧化碳中毒大多由于煤炉没有烟囱或烟囱闭塞不通，或因大风吹进烟囱，使煤气逆流入室，或因居室无通气设备所致。生活过程中在通气不良的室内烧煤取暖，或使用燃气炉、燃气热水器淋浴都可能发生一氧化碳中毒。

当人们意识到已发生一氧化碳中毒时，往往为时已晚。因为支配人体运动的大脑皮质最先受到麻痹损害，使人无法实现有目的的自主运动。此时，中毒者头脑中仍有清醒的意识，也想打开门窗逃出，可手脚已不听使唤。所以，一氧化碳中毒者往往无法进行有效的自救。

怎样预防燃气中毒

在日常生活中，家庭用火、取暖、洗浴时缺乏预防措施，是导致一氧化碳中毒的主要原因。因此我们要特别注意：

不要在密闭居室中使用煤炉取暖、做饭，由于通风不良，供氧不充分，容易使产生的大量一氧化碳积蓄在室内而引起中毒。

应购买使用质量和安全性能良好的灶具和热水器，假冒伪劣产品是事故之源；应按产品说明书要求正确使用，使用时注意保持屋内通风，燃具应定期维护保养（热水器为 8～10 月），有故障应及时维修；及时更换老化的橡胶管，灶具用毕关好燃气阀门和燃气灶，开启厨房窗户，并安装燃气泄漏报警器。

使用燃气热水器洗澡时要注意热水器是否漏气，应把热水器安装在浴室外，最好使用烟管式或平衡式热水器。

家用煤气胶管经过长期使用，由于一氧化碳等介质的腐蚀，经常引起煤气胶管的老化甚至穿孔而漏气。因此，需要及时更换煤气胶管，一般而言，1～2 年应更换一次。

合理安装烟囱，筒口不要正对风口，以免煤气倒流。

不少煤气中毒事故的发生是完全可以避免的，我们在使用燃气时注意保持开窗换气，也许就不会出现悲剧。为此，我们一定要注意必须保持室内良好的通风，这是最重要的。

燃气中毒了，怎样急救

一氧化碳造成急性死亡的主要原因是大脑缺血和心律失常，因此对一氧化碳中毒的抢救应分秒必争，尤其是重症患者。及时的救护措施可以使一氧化碳中毒引起的缺氧迅速改善，减轻缺氧性损伤，防止和减少各种并发症发生。

在室内，我们一旦感到自己呼吸越来越困难，头昏眼花、四肢无力，或是房内传出一种臭蛋气味时，便可判定是煤气泄漏。这时应赶紧打开门窗通风，自己站在上风处；注意不要划火柴、开关电灯和启闭其他电器。

当我们发现有人发生煤气中毒，应该迅速将中毒者盖好被子，移离中毒现场，抬到通风、空气新鲜处，松开中毒者衣领（注意保暖），密切观察意识状态。有呕吐现象的，将患者头转向一侧，抠出口腔内呕吐物。对呼吸心跳停止者应立即进行"心肺复苏"。

如果病人有以下症状：神志突然丧失、抽搐、大小便失禁、脉动不明显、自主呼吸停止或在挣扎一两次后随即停止，面色苍白，应迅速拨打求救电话送医院抢救。在送医院的同时，我们还应对病人实施口对口辅助通气，每分钟吹气 8～10 次。在医院及时有效补氧，保护重要器官，是急性煤气中毒最重要的治疗原则。

　　注意：大脑缺血缺氧超过 4 ~ 5 分钟，即可遭受不可逆的损伤，在此时间内进行抢救，成功希望大，可不遗留后遗症。

2.3　食物中毒

　　2007 年 6 月底的一天，李某到县城办事，途经菜市场时，看见路边人行道上一字排开五六个小摊贩，有卖葱油饼的，有卖凉粉皮的……一个人一边使劲吆喝着："羊肉串，正宗的新疆羊肉串！"一边不停地给围着买吃的人烘烤。李某经不住烘烤的诱惑，难止嘴馋，买了两串边走边吃。晚饭后，李某开始感觉肚子有些疼痛。起初他在旅店床上躺一下还能忍受，渐渐地痛如刀绞，浑身直冒汗，在卫生间呕得翻肠倒胃，过后又想拉肚子，一拉就没完没了。父母得知后赶快把他送进医院。经诊断，李某因为吃了不洁食物而中毒，需住院治疗。此时，正逢农忙季节，住院的李某人虽躺在病床上，可心里想的是田里的庄稼。经过 3 天治疗，花去 1000 多元的治疗费。

什么是食物中毒

　　食物中毒是指人摄入了含有生物性、化学性有毒有害物质后或把有毒有害物质当作食物摄入后所出现的非传染性的急性或亚急性疾病。

　　食物中毒按病原物质分类可分为：细菌性食物中毒、真菌毒素中毒、动物性食物中毒、植物性食物中毒和化学性食物中毒。

　　在我们日常生活中，细菌性食物中毒和植物性食物中毒是最常见的。因此，我们特别要在这方面引起重视。在春、夏季，随着气温逐渐升高，细菌性的食物中毒更加肆虐频发。这是由于高气温为微生物生长繁殖提供了条件，特别是夏季，人体肠道的防御机能下降，更容易感染胃肠疾病。

　　引起细菌性食物中毒的食物主要是剩饭、剩菜、熟食、肉制品、冰糕、豆制品等。由于食品被致病性微生物污染后，在适宜细菌生成的温度、水分和营养条件下，微生物急剧大量繁殖，食品在食用前不经加热或加热不彻底，或熟食品受到病原菌的严重污染并在较高室温下存放，从而使食品变质滋生细菌，食用后引起中毒。

食物中毒有什么特征

食物中毒具有潜伏期短、突然性和集体性暴发的特征，多数表现为肠胃炎的症状，并和食用某种食物有明显关系。

由于没有人与人之间的传染过程，所以导致发病呈暴发性，潜伏期短，来势凶猛，短时间内可能有多数人发病，发病人数呈突然上升的趋势。

中毒病人一般具有相似的异常症状，多表现为恶心、呕吐、腹痛、腹泻等消化道症状；细菌性食物中毒的病人这种症状尤为明显。但根据进食有毒物质的多少以及中毒者的体质强弱，症状的表现轻重会有所不同。此外，还有神经系统症状，如头痛、怕冷发热、乏力、瞳孔散大、视力模糊、吞咽、说话及呼吸困难。中毒严重的人，可因腹泻造成脱水、休克、呼吸衰竭而危及生命。

发病与食物有关。患者在近期内都食用过同样的食物，发病范围局限在食用该类有毒食物的人群，停止食用该食物后发病很快停止。

我国农村食品安全形势怎样

近年来我国多起恶性食品安全事故的发生，让消费者在警醒之余，对身边食品的安全提出更高的要求。作为一个农村人口占大多数的国家，我国农村农民食品安全消费尤为引人关注。

围绕当前流通领域食品安全状况，某县消协对全县所有乡镇、农贸市场、农村食品经营户和 100 名乡镇消费者进行了走访调查。

据调查，农村消费者中，最关注食品安全的占 14.6%，不关注食品安全的占 50.7%，一般的占 34.7%；购买食品时首选质量的占 8.4%，选择质量和价格并重的占 38.8%，选择"价格优先"的占52.8%；村民购到有问题的食品，要投诉的占20.2%，想到投诉而放弃的占41.2%，根本不知道的占38.6%；农村市场经销的食品中，25.2%为本县城进货，56.1%来源于流动摊贩，18.7%为自产自销；散装食品所占比重达30%以上。其中散装糕点、散装熟食、散装干果、散装酒的居多。在走访过程中，看到个别农村小卖部，设施简陋，卫生条件差。像果冻、饮料、麻辣速食和一些不知名的糖丸、糖豆、饼干、糕点，从外观上看，包装简陋，且多是"三无食品"，包装袋上食品主要成分、有效期和含量标识不全或根本没有，正由于这些食品其价廉"味美"，在农村颇有市场，严重危及村民的身体健康。

造成农村食品安全问题比较严重的原因

通过以上数据和情况分析可以看到，造成农村食品安全问题比较严重的原因有以下几个方面：

大部分农村经营者缺乏食品安全的基本知识，村民的食品安全意识薄弱；农村小卖部的店主多是当地农民，文化素质不高，对商品质量缺乏足够的认识。如：为贪图方便和节省费用开支，大都是从流动摊贩那里进货，商品质量无法保证。

农村经济条件较差，购买力较低，食品经营者购进的商品以低价格占了绝大多数。

自产自销的小型食品加工房，规模小、条件差，根本谈不上产品质量标准的执行。

村民买到"问题食品"有的不知道有投诉地方，有的知道但因为麻烦、昂贵的检验费或其他原因而放弃。

农村市场监管薄弱，加上农村地域辽阔，造成局部监管盲点。

怎样预防食物中毒

我们无论是在家里或其他地方，都要注意远离不洁食物，预防食物中毒。而控制食物中毒关键在预防，搞好饮食卫生，严把"病从口入"关。

　　不买无证摊贩的任何食品，无证摊贩出售的食品安全隐患很多；夏天天气炎热，肉制品容易变质，更何况有些摊主为了赚钱，低价买进已经变质的肉类，甚至买进有病或死去的动物肉类。如果吃了，即使侥幸没有食物中毒，也可能会患上寄生虫病或其他一些慢性病，潜伏体内对身体健康造成长期侵害。街头的无证摊贩大多没有健康证，假如摊主自己是个带菌的病人，通过接触或吐沫等渠道将病菌传染给我们，那我们也就很容易得病了。

　　小心易中毒食物，未炒熟的四季豆、发芽的土豆、鲜木耳、野生蘑菇、腐烂变质的白木耳、未成熟的青西红柿、霉变甘蔗、扁豆、河豚、炭烤食物、腌制品等。

　　仔细查看食品的保质期，不食用超过保质期限的任何食品，不食用霉变的食品或有馊味的食品，坚决不购买、不食用"三无"食品。

　　不生吃海鲜、肉类等；不吃被有害化学物质或放射性物质污染的食品。

　　养成卫生习惯，饮食之前要洗手，可生食、不去皮的瓜果必须清洗干净后用凉开水漂洗才能食用，预防可能残留在果皮上的农药引起中毒；生食、熟食不共用一个菜板。

　　不食用病死的禽畜肉，如果觉得食物有异味，要停止进食，并及时向有关部门反映。

哪些食物同时食用可能会导致食物中毒

了解一些食品常识，不同时食用相互起化学反应的食品：

驴肉与金针菜——同食心痛致命；

兔肉与小白菜——同食易呕吐；

羊肉与梅干菜——同食生心闷；

鹅肉与梨子——同食易生热病；

黑鱼与茄子——同食易得霍乱；

马肉与木耳——同食得霍乱；

鸡肉与芥菜——同食伤元气；

羊肉与西瓜——同食伤元气；

鹅肉与鸡蛋——同食伤元气；

猪肉与菱角——同食肚子疼；

豆腐与蜂蜜——同食耳聋；

萝卜与木耳——同食得皮炎；

狗肉与绿豆——同食多吃易中毒；

洋葱与蜂蜜——同食伤眼睛；

黄瓜与花生——同食伤身；

香蕉与芋头——同食胀腹；

柿子与螃蟹——同食腹泻；

鸡蛋与糖精——同食中毒；

兔肉与芹菜——同食脱发。

食物中毒后如何自救

一般的食物中毒，多数是由细菌感染，少数由含有毒物质（有机磷、砷剂、升汞）的食物，以及食物本身的自然毒素等引起。发病者如在家中发病，就视呕吐、腹泻、腹痛的程度可进行适当处理。主要急救方法有：

催吐。

如果食用有毒物质时间在 1～2 小时内，可使用催吐的方法。立即取食盐 20 克加开水 200 毫升溶化，冷却后一次喝下，如果不吐，可多喝几次，迅速促进呕吐。也可用鲜生姜 100 克捣碎取汁用 200 毫升温水冲服。如果吃下去的是变质的荤食品，则可服用十滴水来促使迅速呕吐。我们自己有时还可用手指等刺激咽喉，引发呕吐。

导泻。

如果病人食用有毒食物时间较长，已超过 2～3 小时，但是精神较好，则可服用些泻药，促使有毒食物尽快排出体外。

解毒。

如果是吃了变质的鱼、虾、蟹等引起的食物中毒，可取食醋 100 毫升加水 200 毫升，稀释后一次服下。若是误食了变质的饮料，最好的急救方法是用服用鲜牛奶或其他含蛋白的饮料。

　　补充液体。

　　食物中毒者需要及时补充水分，尤其是开水或因上吐下泻所流失的电解质，如钾、钠及葡萄糖；因为呕吐、腹泻造成体液的大量损失，会引起多种并发症状，直接威胁病人的生命。这时大量饮用清水，可以促进致病菌及其产生的肠毒素的排除，减轻中毒症状。

　　呕吐与腹泻是肌体防御功能起作用的一种表现，它可排除一定数量的致病菌释放的肠毒素，故不应立即用止泻药。特别对有高热、毒血症及脓血便的病人应避免使用，以免加重中毒症状。

　　如果经上述急救，症状未见好转，甚至出现失水明显，四肢寒冷，腹痛腹泻加重，面色苍白、大汗，意识模糊、说胡话或抽搐应立即送医院救治，否则会有生命危险。

2.4　火灾

　　2009 年前 10 个月，全国共发生火灾 106191 起，我国因火灾死亡 831 人，受伤 509 人，直接财产损失 10.6 亿元。在所有火灾中，乡村火灾死亡人员占比重较大；前 10 个月造成人员死亡的火灾场所分布来看，住宅火灾死亡人数最多，且死者多为老年人与未成年人。造成人员死亡的火灾中，死于住宅火灾的 578 人，占总数的69.6%，平均 72 起火灾造成 1 人死亡，在住宅火灾死亡的人员中，229 人为老年人，149 人为未成年人，占住宅火灾死亡总数六成以上。

火灾为何屡屡发生

　　火的威力让人胆战心惊！人类文明和科学技术已高度发展的今天，我们面对火灾还常常力不从心，难以控制。火灾已经成为一个重量级的杀手，是一个比较严重的安全问题。火灾频频发生，原因主要有以下几点：

　　物品的无序堆放：

在家里，在院子里，我们经常把衣物、柴火等易燃物品杂乱无章地随意摆放，有些垃圾随地扔或把垃圾堆放在角落里，致使一旦遇上星星之火就可以"火烧连船"，很容易造成火灾。

私接电线、乱用电器：

根据公安部公布的 2008 年火灾统计资料，从引发火灾的原因看，电线短路、超负荷、电器设备故障等电气原因引发火灾 4 万起，占总数的 30.1%，是起火原因的首位。有些人私拉电线，使用高功率电器，很容易因超负荷造成电路短路起火，另外，图便宜购买劣质电器使用，也很容易造成线路短路而起火。

乱扔烟头：

根据公安部公布的 2008 年火灾统计资料，从引发火灾的原因看，吸烟引起的火灾占 7.3%，为第三大起火原因。可见吸烟除了危害人类健康，还是造成火灾的罪魁之一。

使用蜡烛、油灯照明：

有时候我们使用蜡烛、油灯照明，不小心碰倒而引起火灾，引燃了柴草、蚊帐、被子等易燃物品，酿成火灾。

肆意焚烧杂物：

使用明火，最易引发火灾，因为明火实际上是正在发生的燃烧现象，一旦失去控制马上便会化为火灾。道理虽然简单明了，但有时候我们却常常不以为然，随意在房内、院内焚烧杂物或垃圾，危险也许就在眼前。

火灾中如何自救

火灾发生时，审时度势，应该及时的报警求救，正确采取安全自救措施，对扑灭或控制火势，减少伤亡及财产损失非常重要。

火灾发生时，如果被大火围困，首先要沉着冷静，迅速选择正确的逃生和自救、互救方式及时撤离火场，以保全生命，千万不要盲目地乱冲乱窜。

火势不大可扑灭：

如发现较早，火势不大，大家团结一致，完全可以扑灭，避免进一步的灾难发生。可能的话，灭火办法首选灭火器喷射，第二是用水泼，第三可用棉被大衣等厚重物品往火苗上盖压，第四可用扫把拖把等拍打。特别注意，是电路引起的火灾一定要先切断电源！一旦发现火势不能控制时，应马上放弃，紧急逃生，同时向邻居呼救或拨打 119 电话求助。

谨防窒息：

燃烧时会散发出大量的烟雾和有毒气体，它们的蔓延速度是人奔跑速度的 4～8 倍。当烟雾呛人时，要用湿毛巾、浸湿的衣服等捂住口、鼻并屏住呼吸，不要大声呼叫，以防止中毒。

紧急逃生：

如果房门不热，可打开房门，迅速撤离，通道中如有烟火，要猫着身子跑，必要时要尽量使身体贴近地面，靠墙边爬行逃离火场。

寻找逃生出口：

如发现房门已很热，从房门出去逃生已不可能，必须寻找新的逃生途径，主要可考虑如下途径：

第一，如果在楼上，利用自然条件和建筑结构特点逃生。如利用水管道下滑至地面，或利用阳台或窗台翻越至下、左、右隔壁房间；

第二，用毛巾、被单、窗帘等连结成绳索，并用水打湿，拴牢在固定物上，通过窗户、阳台沿绳索滑下逃生；

第三，如果在公共场所，善用通道，莫入电梯，要向安全出口方向逃生；紧急通道一般都有明显的荧光标示，平时要多注意加以熟悉，逃生时一定要注意看清楚；

第四，若所有逃生线路被大火封锁，要立即退回室内，用打手电筒、挥舞鲜艳衣物、呼叫、扔枕头等方式向外发送求救信号，引起救援人员的注意。

抓紧时机，迅速撤离：

一旦火灾发生时，要抓住有利时机，就近、就便利用一切可利用的工具、物品，想方设法撤离危险区，切不可因抢救个人物品或因害羞要穿整齐而贻误最佳时机。若通道已被火封阻，则应从背向烟火的方向离开，通过阳台、气窗等通道逃生。

正确选择临时避险场所：

如火势太凶猛来不及逃生，被困于楼房中，应尽量选择有阳台、接近楼梯的房间，以便进一步创造逃生机会或等待救援。躲避在有门的卫生间里也是较好的选择，可用毛巾等塞住门缝，用水泼在门上降温，浴缸里放满水，情况紧急时，人也可以躺在浴缸水中。切不可躲在床底、桌底、衣柜中。

烧伤了怎样应急处理

发生火灾时，身上的衣物难免会燃着，我们如果遇到这种情况，不要惊慌，尽力保持镇静，同时立即脱掉着火的衣服，或立即用水浇灭火焰；或迅速卧倒，就地滚压灭火；或跳入水池、河沟内灭火；或用棉被、大衣等覆盖灭火等；切忌带火奔跑、呼喊，以免呼吸道烧伤或火借风势，越烧越旺。

一旦烧伤，在脱离险境后，最简单而有效的急救处理是冷疗，即用凉水冲洗或将烧伤处放入凉水中 10~20 分钟，可使烧伤程度减轻并减少疼痛。若烧伤部位出现水泡，可在低位刺破，使其引流排空，切忌把皮剪掉，造成感染。可用无菌的或洁净的三角巾、纱布、床单等布类包扎创面，以免继续受到污染。创面不可私自涂以任何药物和其他如酱油、大酱、牙膏、外用药膏、红药水、紫药水等物，应尽快到医院处理。

1. 伤病简说

　　在我们的日常生活中，健康是最关注的问题。我们会花钱去"买"健康，花时间去"换"健康，健康是个人的财富，是家庭的幸福。但是，天有不测风云，也许我们在不经意间，在没有丝毫的觉察中，可能就染病了，或因为自己的粗心大意和防卫意识的缺失而出现了伤病意外。这个时候我们该怎么办？你了解生活中的一些伤病吗？如：传染病、一些意外伤害，知道如何处理吗？知道怎样服药才是科学的吗？本篇就作一简单介绍。

第四篇

生理安全篇

第四篇

生理安全篇

第四篇

水理论名篇

1. 伤病简说

在我们的日常生活中，健康是最关注的问题。我们会花钱去"买"健康，花时间去"换"健康，健康是个人的财富，是家庭的幸福。但是，天有不测风云，也许我们在不经意间，在没有丝毫的觉察中，可能就染病了，或因为自己的粗心大意和防卫意识的缺失而出现了伤病意外。这个时候我们该怎么办？你了解生活中的一些伤病吗？如：传染病、一些意外伤害，知道如何处理吗？知道怎样服药才是科学的吗？本篇就作一简单介绍。

2. 主要伤病及救护

2.1 传染病

进入 21 世纪以来，新发传染病接踵而至，给社会发展和人民生活带来严重威胁。这些新发传染病的突出特点是传播速度快，传播范围广，对人群健康和经济发展危害大。如严重呼吸道综合征（非典型肺炎，SARS）、人禽流感、甲型（H1N1）流感等就是新发传染病。

除了这些新型传染病对人们健康的影响外，还有其他一些老传染病如霍乱、结核、乙肝、流感等对人们生活的影响并没有减轻，倒有卷土重来的趋势，同样应该引起我们对其预防措施的重视。

什么是甲型 H1N1 流感

甲型 H1N1 流感是甲型（A 型）流感病毒引起的人或猪共患的呼吸道传染性疾病。甲型 H1N1 流感传播速度快，范围广。据世界卫生组织 2009 年 12 月 30 日公布的最新疫情通报，截至 2009 年 12 月 27 日，甲型 H1N1 流感在全球已造成至少 12220 人死亡；据中国卫生部通报，截至 2010 年 1 月 18 日，中国内地已有 124764 例甲型 H1N1 流感确诊病例（不包括临床诊断病例），其中 744 例死亡，中国香港共有 56 例死亡病例报告，中国澳门有 2 例死亡病例报告，中国台湾共有 38 例死亡病例报告。

甲型 H1N1 流感有什么主要症状

甲型 H1N1 流感的潜伏期一般 1 ~ 7 天，较流感、禽流感潜伏期长。人感染甲型 H1N1 流感后的早期症状与普通人流感相似，包括发热、咳嗽、喉痛、身体疼痛、头痛、发冷和疲劳等，有些还会出现腹泻或呕吐、肌肉痛或疲倦、眼睛发红等。

部分患者病情可迅速发展，来势凶猛、突然高热、体温超过39℃，甚至继发严重肺炎、急性呼吸窘迫综合征、肺出血、胸腔积液、全血细胞减少、肾功能衰竭、败血症、休克、呼吸衰竭及多器官损伤，导致死亡。

甲型 H1N1 流感的传播途径是什么

甲型 H1N1 流感的传染源一般认为是患病的人或者隐性感染者，到目前为止没有发现包括猪在内的各种动物可以作为传染源对人类构成威胁。不过现在已证实感染这种病毒的动物可传播。

甲型 H1N1 流感传播途径主要为呼吸道传播，病毒通过感染者咳嗽和打喷嚏等传染他人，也可通过接触感染者及其污染物、周围污染的环境或气溶胶等途径传播。

感染了甲型 H1N1 流感怎么办

如果不幸感染了甲型 H1N1 流感，要注意休息、多饮水、注意营养，密切观察病情变化；发病初 48 小时是最佳治疗期，对高热、临床症状明显者，应拍胸片，查血气。药物治疗可试用奥司他韦（达菲），达菲是一种神经氨酸酶抑制剂，对甲型 H1N1 流感病毒有抑制作用。

对于甲型 H1N1 流感早发现、早诊断是治疗的关键。对疑似和确诊患者应进行就地隔离治疗，尽量避免与他人接触。这是一种新型病毒，人群普遍易感。

怎样预防甲型 H1N1 流感

在预防方面，没必要接种人流感疫苗，因为预防季节性流感疫苗对预防甲型 H1N1 流感并无效果。

正确的做法是培养良好的个人卫生习惯，充足睡眠、勤于锻炼、减少压力、注意营养；

勤洗手，尤其是接触过公共物品后要先洗手再触摸自己的眼睛、鼻子和嘴巴；室内保持通风；爆发期避免前往人群拥挤场所，咳嗽或打喷嚏时用纸巾遮住口鼻，然后将纸巾丢进垃圾桶等，这些方面是我们最易做到而又最易忽视的地方；

避免接触流感样症状（发热，咳嗽，流涕等）或肺炎等呼吸道病人；

常备治疗感冒的药物，一旦出现流感样症状（发热、咳嗽、流涕等），应尽早服药对症治疗，并尽快就医，尽量减少与他人接触的机会。并向当地公共卫生机构和检验检疫部门说明。

什么是禽流感

禽流感是禽类流行性感冒（Avian Influenza，AI）的简称，是一种主要流行于禽类的烈性传染病。

禽流感可分为高致病性、低致病性和非致病性三大类。高致病性禽流感一年四季均可发生，但在冬春两季多发，因为禽流感病毒在低温条件下抵抗力较强。各种品种和不同日龄的禽类均可感染高致病性禽流感，发病急、传播快，其致死率可达100%。

禽流感有什么样的传播途径

禽流感的传播途径有病禽和健康禽直接接触和病毒污染物间接接触两种。禽流感病毒存在于病禽和感染禽的消化道、呼吸道和禽类脏器组织中。病毒可随眼、鼻、口腔分泌物及粪便排出体外，粪便是禽流感传播的主要渠道。

因此，在爆发禽流感期间，我们要尽量避免接触以上携带有禽流感病毒的禽类、物品和工具等。

人接触染病的禽类都有危险。因为家禽的粪便、或呼吸道分泌物是传播病毒的主要的最直接的方法。因此，和禽类接触者一定要作好防护工作。

目前只发现经家禽传染给人的病例，还没有发现人与人之间传染的案例。如果病毒变种，就可能出现人与人之间的传播。

人一般不会感染禽流感病毒。因为接触不到高致病性禽流感病禽，市场上销售的禽类和禽类制品已经经过卫生部门严格的检验和检疫，病禽和不合格禽类制品不会进入市场流通。而且禽类和禽类制品都是经过水煮或烧烤等处理加工后供食用，在这样的加工处理过程中，病毒被完全破坏和灭活，不再具有感染性。

但是在禽流感爆发期间，接触禽类时一定要有防护措施，否则就会有被病毒感染的危险。接触禽类后用洗手液及清水彻底洗净双手；所有暴露于感染禽鸟和疑似病禽现场的人员均应接受卫生部门监测，避免接触性感染。

人感染禽流感有什么症状

人禽流感潜伏期一般在 7 天以内。早期症状与其他流感非常相似，主要表现为发热、流涕、鼻塞、咳嗽、咽痛、头痛、全身不适。部分患者可有恶心、腹泻、腹痛、稀水样便等消化道症状。体温多持续在 39℃ 以上。一旦引起病毒性肺炎，可致多脏器功能衰竭，病死率高。

怎样预防禽流感

如有禽流感疫病流行，快速宰杀感染的或者暴露的禽类，并妥善处理畜体，对饲养场所严格检疫和消毒。

严格控制鲜活禽类的流动。我国目前采取的灭杀方式为：迅速将禽流感发生地 3 公里以内的家禽全部扑杀，并对 5 公里以内的家禽实施强制性疫苗免疫接种；

禽类食物要煮熟、煮透方可食用。对家养宠物饮食器具要定期清洗、消毒；

如果家中饲养禽类有病死现象，就需要对周围环境进行消毒。例如 84 消毒液含氯消毒剂，就能杀灭环境中的禽流感病毒；

人一旦出现头痛、发热、呼吸道感染等症状，应及时就医。一旦被怀疑为 H1N1 病毒感染，应马上住院隔离治疗，防止病情恶化和传染扩散。家中要经常通风；

不提倡自行宰杀禽类。接触禽类后，应彻底清洗双手，避免被病毒感染。

什么是"非典"

"非典"特指由一种新的冠状病毒所引起的、主要通过近距离空气飞沫和密切接触传播的呼吸道传染病。是传染性非典型肺炎的简称。

"非典"临床主要表现为肺炎。又称严重急性呼吸综合征，简称 SARS。

当"非典"疫情迎面袭来，生命突然变得如此脆弱，在这样的时刻，人们会突然感觉到一种无以名状的恐惧。当我们对预防知识有所了解，就不会如此恐慌了。

"非典"有什么样的临床症状

非典型肺炎的临床表现多为急性起病。发热为首发症状，体温 38℃ ~40℃；偶有畏寒，伴有或不伴有头痛、关节和全身酸痛，可有胸痛或腹泻；有逐渐明显的呼吸道症状：干咳、偶有血丝痰，严重者出现呼吸急促、胸闷等。个别病人可发展成呼吸窘迫综合征，导致呼吸衰竭。

"非典"是一种新的呼吸道传染病，极强的传染性与病的快速进展是此病的主要特点。是一种新出现的病毒，人群不具有免疫力，普遍易感。此病病死率约在 15% 左右，主要是冬春季发病。

"非典"潜伏期一般在 4 ~ 10 天，临床报告最短病例为 1 天，最长有 20 天，甚至有及个别病例达到 28 天。

由于"非典"潜伏期内仍有传染性，如果出现高烧、干咳、呼吸急促的现象等症状，应及时去医院住院观察，并做好自我隔离工作，以保护身边的健康人群！

"非典"传播途径是什么

"非典"的传播主要有三种途径：

近距离飞沫传播。飞沫是非典型肺炎病原体传播的途径之一，通常情况下，病原体在大约一米以内可通过飞沫传播；

分泌物通过手传播，因易感者的手直接或间接接触了患者的分泌物、排泄物以及其他被污染的物品受到感染；

密切接触患者传播，即直接接触病人后，病毒通过手，再揉鼻子、眼睛等经口、鼻、眼黏膜侵入机体而实现的传播；

另外也可以通过空气污染物气溶胶颗粒这一载体，在空气中作中距离传播。研究发现，依靠新的传播途径，病毒至少可以在空气中传播 25 米。

如何预防"非典"

做到四勤、四早、四好：勤洗手、勤洗脸、勤饮水、勤通风；早发现、早诊断、早隔离、早治疗；心态调整好、身体锻炼好、休息睡眠好、口罩戴得好；

在人群中，需要特别注意同伴之间的接触，如果发现有发热、干咳等症状的，应立即通告当地的疾控部门，以便及时检查隔离；

远离患者，当"非典"患者咳嗽或打喷嚏时，飞沫会落在他们自己、其他人或附近物体表面，这就是传染性液滴的来源；

在疫期，不论关系多好，人之间不要借用日常洗漱用品和饭碗，否则极易导致交叉感染；

对患者要早隔离、早治疗，"非典"的疑似患者、临床诊断患者和确诊患者均应立即住院隔离治疗；

主动加强感染控制，当"非典"这种疫病流行时，我们应自觉做到并引导周围的人们形成良好的个人卫生习惯，防止"非典"进一步传播；

疫期不到人流量大的地方，尽量避免到影院、公园、商场等公共场所和乘坐公交车；如果避免不了，必须做好个人防护，戴上口罩和手套，任何时候自我保护是最好的阻隔疾病传播的办法；

在对待"非典"疫情时，不必过于惊慌，应在提高自身免疫力上下工夫，提高自身的抗病能力是对付非典的最好办法。

什么是瘟疫

瘟疫是由于一些强烈致病性微生物，如细菌、病毒引起的传染病。一般是在自然灾害爆发后，由于环境卫生恶化引起的。

瘟疫有什么样的具体症状和传播途径

瘟疫的具体症状是发烧、咳血、脱水、昏迷、幻觉、腹泻、淋巴肿大、皮肤溃疡、皮下出血等。另外，患者的皮肤上会出现许多黑斑，所以被人们叫做"黑死病"。这种可怕的疾病长期以来，一直被迷信的人类认为是鬼神对自己的惩罚。

瘟疫是通过寄生在老鼠身上的跳蚤传播的，也可以通过人与人之间直接传染。

在抗生素发明之后，这种几百年来死亡率100%的恶性疾病，已经不再令人生畏、谈"瘟"色变了。

怎样预防瘟疫

不要到人群拥挤的地方去，瘟疫疾病会通过空气传播，尽量减少传播的可能性；

尽量少在外面用餐，如在外面用餐，请勿食用生食品、半熟食品、凉拌食品等，不吃霉变食物；

要注意预防蚊虫叮咬、不喝生水；

请勿随地吐痰或口水，或是对着别人打喷嚏等；

服用增加免疫力、预防感冒等药物（遵医嘱），起到预防的作用。

什么是霍乱

霍乱是由霍乱弧菌所致的烈性肠道传染病，临床表现轻重不一，典型病例病情严重，有剧烈吐泻、脱水、微循环衰竭、代谢性酸中毒和急性肾功能衰竭等。

霍乱具有发病急、传播快、波及范围广、危害严重等特点。

霍乱有什么样的临床表现和传染源

霍乱潜伏期数小时至 6 天，少数在发病前 1 ~ 2 天有头昏、疲劳、腹胀、轻度腹泻等前驱症状。病人 100% 有腹泻、呕吐，每日数次，甚至难以计数。腹泻初为黄水样，不久转为米泔水水样便，少数患者有血性水样便。呕吐初为胃内容物，继而水样，米泔样。由于剧烈泻吐，体内大量液体及电解质丢失而出现脱水表现，轻者口渴，眼窝稍陷，唇舌干燥，重者烦躁不安，眼窝下陷，两颊深凹，精神呆滞，皮肤干而皱缩，失去弹性，嘶哑，四肢冰凉，体温下降，脉搏细弱，血压下降，如不及时抢救会危及生命。

霍乱的传染源是：霍乱病人和带菌者。病人的粪便和呕吐物含有大量病菌，一旦污染水源、食物、餐具和手，就可造成本病的传播。苍蝇、蟑螂等也是传播本病的媒介。

怎样预防霍乱

管理传染源，及时发现隔离病人；

切断传播途径，加强卫生宣传，管理好水源、饮食，处理好粪便，消灭苍蝇等害虫，养成良好的卫生习惯。如，不得就近取各种不卫生的水饮用，包括雨水、坑水、池塘水、河水等，从而隔绝肠道传染病的发生。

保护易感人群，积极锻炼身体，提高抗病能力，用现今的流行语叫：管住你的嘴，放开你的腿。即不吃喝不卫生、生冷的食物饮料，多运动、多锻炼，疾病就不会轻易接近你了。

霍乱是夏秋季常见的肠道传染病，主要通过不洁的饮食和饮水传播，生活中要注意饮食、饮水和个人卫生，做到"吃熟食、喝开水、勤洗手"，把住"病从口入"关。一旦有腹泻等症状，应立即到正规医院肠道门诊就诊。

什么是结核病

结核病是由结核杆菌引起的慢性传染病，可累及全身多个器官，但以肺结核最为常见。

结核病是人类历史上最古老的疾病之一，人类与结核的斗争史至少有两千多年。过去有一句俗话叫"十痨九死"，"痨"指的就是结核病，结核病的死亡率相当高。19 世纪，不知有多少人曾被这种无情的烈性传染病夺去了亲人或朋友，虽然 20 世纪多种有效抗生素和预防药物的产生使肺结核病例在世界范围内迅速减少，但不能因此放松警惕。

肺结核有什么临床症状

肺结核的临床症状可以分局部症状与全身症状。

局部症状：

咳嗽、咳痰：随着病情进展，咳嗽加重，痰量也增多；

咯血：痰中带血、中量咯血、大量咯血；

胸痛：部位不定，往往为隐痛，若为针刺样疼痛并随呼吸运动而增剧时则表示肺部胸膜受累；

呼吸困难：轻度或中度病变不致引起呼吸困难，当病情严重时会引起呼吸困难。

全身症状：

发热：见于病情进展期，表现午后低热，重症病人有不规则高热；

盗汗：入睡或醒时，全身出汗，内衣尽湿；

还有疲倦乏力、精神萎靡、体重减轻、食欲不振、心跳加快、月经失调等。

肺结核主要通过什么传播

肺结核的传染源主要是排菌的肺结核病人的痰液。即指因肺结核排菌病人随地吐痰，干燥后细菌随尘土飞扬，被他人吸入而引起感染发病，可见肺结核主要是通过呼吸道传播与传染的。

传染的次要途径是经消化道进入体内，此外还可经皮肤传播。

肺结核病人说话、咳嗽、打喷嚏排至空气中的微滴核的传染性应该引起人们重视。尤其是人员集中的地方更应该注意防范感染，排菌病人平时大声谈笑、唱歌、咳嗽、打喷嚏把带传染性的唾沫飞沫散播于空气中，它的颗粒在 4 微米以下可以直接通过呼吸道进入肺泡引起感染。

在生活中，并不是每一个受到肺结核菌感染的人都会得肺结核病，只有在人的身体抵抗力较差的时候，才较容易发病。而且大部分肺结核病人开始正规治疗三个星期后就不会有传染性了。

如何预防肺结核

我们在结核病的预防方面应该注意做到：

饮食以高蛋白、糖类、维生素类为主，宜食新鲜蔬菜、水果及豆类，应戒烟禁酒；

把合理膳食，适量运动，戒烟戒酒，心理平衡作为人类健康文明的生活准则；

人之间要养成良好的卫生习惯，自己患病了要离开休养，外出应戴口罩，不要对着别人面部讲话，不可随地吐痰，以免感染他人；

人之间要互相关心，对肺结核这种疾病应有正确的认识，肺结核不再是不治之症了，结核病人应有乐观精神和积极态度；

尽可能避免接触结核病患者，以避免感染。

什么是流感

流行性感冒（简称流感）是由流行性感冒病毒（简称流感病

毒）引起的急性呼吸道传染病。

一年四季人们都可能受到流感病毒的攻击。特别是人员集中的地方，更易相互传染，但只要进行适量运动，注意合理饮食，增强身体抵抗力，养成讲卫生的习惯，还是可以减少流感相互传播的。

流感的临床症状和传播途径是什么

流感临床表现为发热、头痛、流涕、肌痛、乏力、鼻炎、咽痛和咳嗽，有肠胃不适等症状。典型流感起病急：潜伏期一般为 1～2 天；高热，体温可达 39℃～40℃，畏寒，乏力、头痛、头晕、全身酸痛；持续时间长，常有咽痛、鼻塞、流涕等；少数有恶心、呕吐、食欲不振、腹泻、腹痛等。还有患者可发展为肺炎。

流感病毒是近距离传染性极强的病原体。传染源主要是病人和隐性感染者通过飞沫传播，感染者的唾液飞沫会进到人的眼睛、鼻子或附着在脸上，由于用手摸脸部再接触嘴巴，或揉眼睛、挖鼻孔而感染，因此洗手的习惯很重要。流感与普通感冒有着本质上的不同，对人的健康危害很大。

怎样预防流感

接种流感疫苗：

流感可导致一些严重的并发症，主要有两种：一种是继发细菌感染，如咽喉炎、中耳炎、鼻窦炎、支气管炎、尤其是肺炎。流感的另一并发症是加重原有的慢性病，包括心脏病、肺炎、肾脏疾病和糖尿病等，导致相应器官功能的衰竭。所以，接种流感疫苗是目前世界公认的预防流感最为有效的措施。

重视发热症：

不论是风热还是风寒流感患者，都有畏冷表现，即使有高热在身也如是。当你高热发烧时应穿足够衣服保暖，不随便吃退烧药（尤其是自行服成药），应去医院在医生指导下服药，否则会延误治疗时间。高烧对大脑极为不利，甚至引发心肌炎等。

注意饮食及搭配：

多饮水，水可使口腔和鼻腔内粘膜保持湿润，能有效发挥清除细菌、病毒的功能；

患者要多食流质食物，补充营养性食物，如牛肉、去皮鸡胸肉、蛋清、牛奶、虾等富含蛋白质的食物；补充维生素，如含铁、锌的食物，维生素 A、C、E 也有助于病情的缓和；进食后以温开水或温盐水漱口，保持口鼻清洁。

卧床休息，保持体力：

感冒时，身体为能集中精力对付病魔，大脑便会发出不想进食的讯息，不吃一两餐并无大碍，但体力虚弱，对恢复健康不利，因此休息好特别重要。

得了流感，既要保护自己，也要保护他人。病人要做好自我隔离，不要去公共场所或人多拥挤的地方；没有患病要做好自我防范，房间里要经常通风，保持新鲜空气的流通。

什么是乙肝

肝炎就是肝脏的炎症。医学上肝炎可分为甲、乙、丙、丁、戊、己、庚七种类型，其中乙肝是流行最广泛、危害最严重的一种传染肝炎。

乙肝有什么样的临床表现

乙型病毒性肝炎（简称乙型肝炎）是由乙型肝炎病毒引起的肝脏炎性损害。临床表现为乏力、食欲减退、恶心、呕吐、厌油、腹泻及腹胀，部分病例有发热、黄疸，约有半数患者起病隐匿，在检查中才发现。乙肝病毒（HBV）感染人体后，广泛存在于血液、唾液、乳汁等处。乙肝难以根治，治疗上目前没有特效药。

乙肝传播的主要途径是什么

母婴垂直传播：垂直传播是我国乙型肝炎蔓延和高发的主要原因。也有少数为父婴传播者。

血液或血制品传播：被乙肝病毒污染的血制品如白蛋白、血小板或血液输给受血者，多数会发生输血后肝炎，另外血液透析、肾透析时也许会感染乙肝病毒。

医源性传播：被病毒污染的医疗器械（如手术刀、牙钻、内窥镜、腹腔镜等）均可传播乙肝病毒。

家庭内密切接触：日常生活密切接触（如同用一个牙刷、毛巾、茶杯和碗筷），均有受病毒感染的可能。乙肝病毒可通过破损粘膜进入密切接触者的体内。

公共场所、浴池、理发店、美容院等容易感染乙肝病毒。

怎样预防乙肝

乙肝难治，但是不难防。如果我们大家把好预防这一关，乙肝就并不可怕。

接种乙肝疫苗，这是预防乙型肝炎最有效的措施。凡是没有感染过乙肝病毒的人，尤其是家中或周围密切接触的人员中有乙肝病人或乙肝病毒携带者，均应接种乙肝疫苗。

了解和掌握乙肝病的一些防治知识，养成并坚持良好、科学的生活规律；最好实行分餐制，不要与他人共用牙刷、剃须刀、水杯等；注意起居和个人卫生，根据气温增减衣服，积极预防各种感染。

合理调配营养与食疗，忌烟酒，少食油腻之物，以清淡为主，避免便秘。

防止血源传播，不输入未经严格检验的血液和血制品。

如果患上乙肝，应保持积极的心态与乐观的情绪，坚定战胜疾病的信心；乙肝用药如用兵，多则有害，少则无效，针对自己的病情，在专家指导下合理用药；同时积极配合医生治疗，定期复查肝功能。

由于乙肝病毒可以通过血液、尿液、汗液、唾液、乳汁等污染周围环境，传染健康人。因此在生活中应尽量避免并阻断与患者接触而感染的途径，注意对周围的环境及污染物进行适当消毒和隔离。

2.2 艾滋病

艾滋病，1981 年在美国首次被发现和确认，其全名为"获得性免疫缺陷综合症"，是人体感染了"人类免疫缺陷病毒"所导致的传染病。

什么是艾滋病

艾滋病被称为"20 世纪的瘟疫"。国际医学界至今尚无防治艾滋病的有效药物和疗法，因此也被称为"超级癌症"和"世纪杀手"。艾滋病病毒会破坏人的免疫系统，使身体的抵抗力逐渐降低，直至丧失，从而发生多种感染和肿瘤，如果不及时治疗，最后会导致死亡。

感染艾滋病病毒后一般经过 7 ~ 10 年的潜伏期，可发展成为艾滋病人。

艾滋病怎样传播

艾滋病病毒存在于感染者的体液和器官组织内，感染者的血液、精液、阴道分泌液、乳汁、伤口渗出液中含有大量艾滋病病毒，具有很强的传染性。

尽管艾滋病病毒见缝就钻，但它们只能在血液和体液活的细胞中生存，不能在空气中、水中和食物中存活，离开了这些血液和体液，病毒会很快死亡。只有带病毒的血液或体液从一个人体内直接进入到另一个人体内时才能传播。

性接触传播，艾滋病病毒可通过不加防护的异性或同性性行为传播。艾滋病病毒感染者的体液或分泌物中有大量的病毒。对我们影响最大的是不严肃的性行为，我们应该警觉，不能因为好奇和贪图一时享乐而造成终生遗憾。

血液传播，使用了被艾滋病病毒污染而又未经严格消毒的注射器、针头等而导致传播；通过使用受污染而又未经严格消毒的针器纹身、穿耳、针灸，与患者和感染者共用剃须刀、牙刷等传播。这是容易导致受病毒感染的一种危险途径；输入含有艾滋病病毒的血液或血液制品将会被感染。

母婴传播，对儿童影响最大的是母婴传播。如果母亲是艾滋病感染者，那么她很有可能会在怀孕、分娩过程或是通过母乳喂养使她的孩子受到感染。已感染艾滋病病毒的妇女生育的孩子有 1/3 可能会从母体感染艾滋病病毒。大部分带有艾滋病病毒的孩子会在 3 岁以前死亡。

另外，吸毒很容易感染艾滋病病毒，因为吸毒过程中反复使用了未经消毒或消毒不彻底的注射器、针头，其中被艾滋病毒污染的注射器具造成了艾滋病在吸毒者中的流行和传播。

我们怎样预防艾滋病

我们要积极参加各种预防艾滋病的宣传活动，了解艾滋病预防知识，让大家都知道艾滋病的病因及传播途径，知道其危害性，从而自觉地保护自己，艾滋病是完全可以预防的，而且大家都能做到。

我们提倡义务献血，奉献爱心，但不到未经政府批准的采血点献血。在输血、验血时要特别注意安全和卫生，同时不轻易接受输血和血制品。需要输血时，要输用经过艾滋病检测的合格血液和血液制品；我们不能卖血，卖血严重危害自己的身心健康，而且接受卖血的都是一些不正规的血点，稍不留神可能就会染病；

不共用毛巾、牙刷、剃须刀；不去消毒不严的诊所、医院打针、拔牙、针灸或手术，不使用被血液污染而又未经严格消毒的注射器、针灸针、拔牙工具；不到消毒不严或不消毒的理发店去理发或美容；

不以任何方式吸毒，杜绝静脉吸毒行为，要克服对毒品的好奇心理，了解毒品的危害，提高对毒品的戒备思想，坚决拒绝毒品；

发现艾滋病人要及早报告，及早隔离，对病人的血液、分泌物、排泄物及生活用具进行严格消毒；

洁身自爱，遵守性道德是预防性接触感染艾滋病的根本措施，正确处理好男女之间的友情，选择健康的方式来释放和转移性冲动，约束个人行为，如：看书、听音乐、参加体育活动等；不嫖娼、不卖淫、不浏览黄色网站、不观看黄色书籍等。

艾滋病因防治尚无有效药物和疗法被称为"超级癌症"，但我们无需谈"艾"色变。握手、拥抱、咳嗽、打喷嚏，共用办公用具、劳动工具、被褥、钱币、电话、厕所，一同劳动、工作、用餐、游泳、洗浴和蚊虫叮咬等都不会传播艾滋病毒，控制艾滋病最有效的办法是预防。

2.3 伤病

月有阴晴圆缺，人有旦夕祸福。有的人可能平时看不出什么问题，但是在某个时候突然会出现一些急性病症，这时我们会处置吗？下面简介几种在我们中间发病概率相对较高的急性病症。

你了解急性脑血管病吗

急性脑血管病是指一种起病急骤、伴有脑局部血液循环和功能发生障碍的疾病。它可以是脑血管突然血栓形成，脑栓塞致缺血性脑梗塞，也可以是脑血管破裂产生脑溢血，常伴有神经系统症状、肢体偏瘫，失语，精神症状，眩晕，共济失调，呛咳，严重者昏迷及死亡，临床上又称脑血管意外、卒中或中风。

急性脑血管病发病时有什么样的症状

急性脑血管病多见于有高血压或动脉粥样硬化性疾病的老年患者，急性脑血管病又称为脑血管意外、中风、脑卒中。其发病率、死亡率、致残率较高。随年龄增长，其发病率呈陡直上升，严重影响人们的生活质量。降低死亡率和残疾率与早期的及时识别和急救有着密切关系。

在患者中，脑中风的危险因素以脑血管畸形最为常见。在疾病发生前往往会有头痛、头昏、耳鸣、半身麻木、恶心，甚至出现昏迷、呕吐、肢体运动障碍等。

发病时怎样自救与救助他人

患者去枕平卧，头侧向一边，避免将呕吐物误吸入呼吸道，造成窒息。切忌用毛巾等物堵住口腔，妨碍呼吸；

对于摔倒在地的患者，可将其移至宽敞通风的地方，便于急救。患者的上半身稍垫高一些，保持安静，检查有无外伤，出血可给予包扎；

尽量不要移动伤者的头部和上身；

救助人员应守候在患者身旁，一旦发现呕吐物阻塞呼吸道，采取各种措施使呼吸道畅通，可用手掏取。呼吸停止时进行口对口人工呼吸。拨打"120"电话呼救。

什么是晕厥

晕厥亦称晕倒、昏倒，由于脑部一时性缺血、缺氧或脑血管痉挛而发生暂时性知觉丧失现象，常因大脑暂时缺血、缺氧而引起，有短暂性意识丧失。伤者晕厥时会因知觉丧失而突然昏倒。

晕厥时有什么症状

无论哪种晕厥，多突然开始，伤者在昏倒前常见心慌、头晕、眼黑目眩、恶心呕吐、面色苍白、全身无力。昏倒后，可见出冷汗、脉搏细弱、手足变凉等。

晕厥时怎样自救与救助他人

使患者平卧，将腿部抬高 15～30 度，保障脑部供血；松解衣扣，打开室内门窗，便于空气流通；

用手指掐伤者的人中穴，促其苏醒。患者醒后，可给少量温水或热饮料；

当患者脸色苍白、出冷汗、神志不清时，立即让患者蹲下，再使其躺倒，以防跌撞造成外伤。

移动伤者的要领：保持呼吸道通畅，转运中避免头部震荡。

什么是抽搐

抽搐是指全身或局部骨骼肌非自主的抽动或强烈收缩。在我们中常出现的抽搐是肌肉痉挛俗称"腿抽筋"，表现为肌肉出现阵发性不自主强烈收缩，而不能缓解放松的现象。

抽搐时有什么症状

抽搐发生时，严重的患者倒地后全身僵直，继而四肢细微抖动，呼吸困难，大小便失禁，发作持续 1 ~ 2 分钟，可反复发作。

当出现局部的抖动，多见于口角、眼睑、手足，或出现目光停滞，多提示疾病即将发生。

抽搐时怎样自救与救助他人

为了避免抽搐的发生，运动前特别是游泳前应做好充分的准备活动，避免寒冷突然刺激，冬天要保暖，夏天防止出汗过多，并及时补充盐分，游泳前应用冷水先淋湿全身，水温过低时不宜在水中时间过长；

如果自己发现抽搐即将发生，应马上蹲下或躺下；最好家里备上牙套，放入口内，以防咬舌；

在抽搐发生后，应注意保暖，对患处用缓和的力量加以牵引，小腿抽筋自我恢复的一种常用方法就是坐在地上让腿部放松处于水平状态，一手轻握住受伤腿的膝盖，一手扶着小腿下部，用力向上抬，拉伸抽筋的肌肉；若有同伴的帮助，让对方扶住受伤腿的脚掌向腿部挤压，也是达到拉伸的效果；也可用按摩的方法，解除抽筋状态；

如果游泳时抽搐，要马上将腿屈起，用力将脚趾拉开、扳直；如果小腿抽筋，先吸足一口气，仰卧在水面，用手扳住脚趾，并使小腿用力向前伸蹬，让收缩的肌肉伸展和松弛。另外，注意游泳时间一次最好不要超过两个小时。

如果是他人发生抽搐，救助者要做到：

立即将患者平卧，头偏向一侧，同时要松开伤者的皮带、领带、钮扣等；

用布或衣服包裹患者舌头，将其从口角侧面拉出，防止舌咬伤。

怎样防范热中风

据卫生部门统计，每年的 6 ~ 8 月份都是中风的高发期，这时发生中风的危险较平时高 65%，高温期中风的死亡率是非高温期的 1.5 倍，并且气温越高，危险性越大，因此又称之为"热中风"。天气炎热时中老年人最易发生"热中风"。

预防"热中风"，要做到"四不"：

一不忘喝水。脱水是发生"热中风"的重要诱因，且老年人口渴中枢对缺水的反应不够灵敏，可能使脱水愈加明显。中老年人要做到"不渴时也常喝水"；

二不忘治病。患有"三高"的病人（特别是老年病人），在盛夏必须坚持服药。高血压、高血脂、肥胖、心脏病或有过短暂性脑缺血发作者，气温升至 32℃ 以上时应采取防暑措施，并在医生的指导下及早应用改善血液内环境的药物，将危险降至最小；

三不要贪凉。使用空调，室温应调在 27℃ 为宜，室内与室外温差不应超过 7℃。老年人特别是患有心血管病的中老年人，最好不使用空调，以手摇扇或电风扇取凉为好；

四不要麻痹。有过中风史的病人，其家属要时时观察病人的症状，一般来说，头昏、头痛、半身麻木酸软无力、频频打哈欠等都是中风前的预兆，这些症状明显时，一定要速去医院求诊，切不可视为一般的感冒或疲劳；多喝白开水或淡茶水，以防止血液浓缩，出现血栓，造成大脑供血不足引发缺血性脑中风；饮食结构要科学合理，"保驾"药物要有备无患。

另外，就饮食而言，预防热中风首选冬瓜汤。建议平时喜欢煲汤的中老年人，可以在炎热的夏季煲些解暑汤用来清热解暑；取鲜荷叶一张、冬瓜 500 克、食盐少许，将鲜荷叶洗净，鲜冬瓜连皮，加清水五碗煲汤，盐少许，汤成后食冬瓜并饮汤。其有清热解暑，生津止渴的功效。

高温天气怎样预防"情绪中暑"

酷热的天气是"情绪中暑"的高发时期，人们会出现心烦气躁，为一点儿小事也会大动肝火。专家提醒："情绪中暑"主要是高温天气影响了人体下丘脑的情绪调节中枢，即使有的人本身所处环境并不热，也会因为外界强烈的光线产生一种烦躁的情绪。因此农民朋友在高温期间要注意自我调节，合理安排劳作时间，不要在烈日下或在封闭的空间内劳动太久。应尽量选择上午 10 点以前或者下午 4 点以后进行农事活动，这样既可以稳定情绪，又可以预防高温中暑和紫外线的伤害。

你了解气管异物吗

任何物体突然进入气管内，产生一系列呼吸困难的症状和体征均称为气管异物。

当意外发生时，我们要按照科学的原理和方法来应对。对于鱼刺卡喉这样的意外，民间有很多的方法，如用手指抠鱼刺、大口吞咽饭团或菜、喝醋等。这些方法其实并不科学，有时甚至要付出生命的代价。我们求助医生才是最明智的选择。

发生气管异物的原因和症状是什么

各类异物意外进入气管往往与不良习惯有关。如在进餐时，因进食急促、过快，尤其是在摄入大块、咀嚼不全的食物时，若大笑或说话，很易使一些食物滑入呼吸道而导致意外。

当意外发生时，患者会突然出现剧烈呛咳，甚至窒息。

发生气管异物怎样自救与救助他人

如果现场没有任何人帮助时，首先不要慌乱，尽力咳嗽；如若不行，立即找一椅背，将自己的肚脐上部顶住椅背，用力冲击6~8次，然后背对墙面用力冲击6~8次，直至异物排除；

轻拍伤者肩膀，呼唤他并鼓励咳嗽，这是最好的排除呼吸道异物的方法。若咳不出，可将手指伸进口腔，刺激舌根催吐，这适用于较靠近喉部的气管异物；

站在患者背后，用双臂环绕其腰，一手握拳，使拇指倒顶住其腹部正中肚脐略向上方。另一手紧握此拳以快速向内向上冲击，将拳头压向患者腹部，连续6~10次，以造成人工咳嗽，驱出异物，每次冲击应是独立、有力的动作，注意施力方向，防止脏器损伤。以上方法无效时，立即送医院治疗。

怎样识别判断烧烫伤

烧烫伤在日常生活中非常常见，几乎每人都会遇到。最重要的是，在发生烧烫伤的那一刻，做好现场急救和早期适当处理至关重要，可使伤势不再继续加重。了解一些相应的科学知识后，如果再遇到烧烫伤，就一定能够处理得当。

烧烫伤常由火焰、沸水、热油、化学物质（强酸、强碱）等物质引起。最常见的是火焰烧伤、热水、热油烫伤。一般而言，烧伤面积越大，深度越深，则愈合越差。因此，急救的首要措施是"灭火和降温"。

烧烫伤的程度依受伤的深度及面积而有所不同，烧伤的常用分度如下：

Ⅰ度：仅表皮外层损伤，未伤及真皮层，引起肿胀及相当程度的疼痛。表皮干燥、有红斑、无水泡。

Ⅱ度：表皮和部份真皮损伤，皮肤发红、表面潮湿、起水泡、肿胀厉害、剧痛、泡皮薄、基底潮红。

Ⅲ度：整层皮肤及皮下组织受到破坏，皮肤呈白色皮革样改变或焦黑，由于神经末梢被破坏了，一般反而不会有剧痛。

发生烧烫伤，怎样自救与救助他人

在各类烧、烫伤中，以热液烫伤最为常见。发生热液烫伤后，一般采取"冲、脱、泡、盖"的处理方式。具体方法为：

冲：以流动的自来水冲洗或浸泡在冷水中，以达到皮肤快速降温的目的，不可将冰块直接放在伤口上，以避免使皮肤组织受伤；

脱：如果穿有衣服或鞋袜部位被烫伤，千万不要急忙脱去被烫部位的鞋袜或衣服，否则会使皮肤表皮脱落，容易感染，延误病情。应在充分湿润伤口后，小心除去衣物，可以用剪刀剪去衣物，有水疱时注意不要弄破，水疱对创面有保护作用；

泡：继续浸泡于冷水中至少 30 分钟，这样可以减轻疼痛。但如果伤口面积大或患者年龄较小，就不要浸泡太久；

盖：用干净的布覆盖。盖前可在创面上涂抹湿润烧伤膏，没有药膏时可涂抹食用油，以避免创面干燥。

不要在伤部涂抹醋、酱油、牙膏、肥皂、草灰等，以避免刺激创面，为以后的治疗带来困难。除面积较小的烧伤可以自行处理外，其他情况最好尽快送往附近医院做进一步处理。发生火焰烧伤时，应首先灭火，待火熄灭后，再依照热液烫伤处理方法进行处理。如果是电灼伤，要先切断电源或用绝缘体将电线移开。若患者失去知觉，应直接送医院治疗。

冻伤怎么识别判断

冻伤是机体受到低温、寒冷侵袭所引起的损伤，寒冷是导致冻伤的主要因素。常发生在手、足、耳、鼻、面颊等四肢末端和外露部位。

生活中的冻伤分为 3 度：

Ⅰ度：局部皮肤出现红斑，常伴有剧烈痒感，约 1 周后脱屑愈合，不留疤痕；

Ⅱ度：局部红肿较明显，有水疱形成。若无感染，约 2～3 周后愈合，一般不留有疤痕；

Ⅲ度：伤处发硬，皮肤由苍白转为褐色，再变为黑色。4～6周愈合后留有疤痕。

发生冻伤，怎样自救与救助他人

复温：首先脱去湿冷衣服，根据体温选择不同的复温措施。如：可用毛毯或被褥裹好身体、热水袋温暖全身、温水浸泡等，使患者在温暖的环境中自行复温。对于Ⅰ度冻伤首选温水快速复温。将冻伤部位浸泡于 38～42℃ 的温水中，并保持其水温；忌用火烤、拍打、冷水浸泡、雪搓等方法或直接放在散热片上局部复温，以防加重损伤；

保暖：迅速脱离低温环境和冰冻物体，用毛毯等保暖材料加以包裹，搬运到温暖室内。给予高热量的热饮料。

上药：Ⅰ度、Ⅱ度冻伤：局部涂搽冻伤膏每日 1～2 次，用干而软的吸水性敷料包扎；Ⅲ度冻伤：尽快去医院处理。

怎样识别毒蛇咬伤

蛇咬后局部留有牙痕，无毒蛇牙痕多成排，且齿痕较浅。毒蛇牙痕呈两点或数点，且齿痕较深。一旦确定是毒蛇咬伤，要采取紧急自救措施。

蛇咬后怎样自救与救助他人

制动：减少活动，不要惊慌乱跑，伤肢应下垂并停止活动；

结扎：迅速用止血带或细绳在距伤口 5～10 厘米的肢体近端捆扎，每隔半小时放松 3～5 分钟，以减缓毒素吸收入血；

排毒：用利器把伤口切开，用清水、茶水冲洗伤口。也可以用火柴、烟头烧灼伤口，破坏蛇毒；如有条件可用拔火罐吸除毒液，也可用口吮吸，但要注意口腔内不能有伤口和溃疡，并要及时漱口。

经上述紧急处理后，迅速送医院进行进一步抢救。如果一时识别不出是否为毒蛇咬伤，先按毒蛇咬伤急救；就地急救处理，切忌跑动。

怎样识别猫、狗咬伤

凡是猫、狗咬伤、抓伤，不管是疯狗、病猫还是正常的狗、猫（据文献报告，有相当多的一部分正常的狗、猫的唾液中带有狂犬病毒），均应积极采取措施预防狂犬病的发生。因为人体一旦感染发病将很难治愈，但采取积极预防措施是可以有效预防的。

猫、狗咬伤，怎样自救与救助他人

一旦被猫、狗咬伤、抓伤，应立即、就地、彻底冲洗伤口。万一找不到水源，甚至可以用人尿代替清水冲洗，随后再设法找水源。冲洗伤口一是要快。分秒必争，以最快速度把沾染在伤口上的狂犬病毒冲洗掉。

冲洗务必要彻底。由于狗、猫咬的伤口往往外口小，里面深，这就要求冲洗时，尽量把伤口扩大，让其充分暴露，并用力挤压伤口周围软组织，而且冲洗的水量要大，水流要急，最好是对着自来水龙头急水冲洗。

冲洗后伤口不要包扎。伤口反复冲洗后，再送医院作进一步伤口冲洗处理，接着应接种狂犬疫苗。接种狂犬疫苗一定要在正规医院及卫生防疫机构进行，切不可在个体诊所随意进行。

千万不可被狗、猫咬伤后，伤口不作任何处理，就急于赶往医院；更不可不冲洗伤口，而是涂上红药水包上纱布更有害，切忌长途跋涉赶到大医院求治，而是应该立即、就地、彻底冲洗伤口，在24 小时内注射狂犬疫苗。

2.4 救护

创伤是青年人（小于44 岁）中的第一位死亡原因，在我国如2008 年仅交通事故死亡人数就超过10 万人，伤残24 万人。面对严重创伤，我们该如何应对呢？

首先应把握严重创伤救治的原则，即先"救"后"查"，在现场对伤者进行心肺复苏、止血、包扎、固定、搬运等初步紧急处理，提高现场救护质量，保护伤者生命、预防并发症，提高救治成功率，降低伤残率。

怎样进行心肺复苏

当创伤发生后，如果出现心跳、呼吸停止，我们首先要做的就是实施心肺复苏。

现场复苏包括 3 个步骤：保持呼吸道通畅；人工呼吸；人工循环。

判断有无反应：

轻摇伤者肩膀及在耳边叫唤，并大声问："你怎么啦"？测试伤者神志是否清楚。如有回应，则表示气道仍然畅通。如伤者人事不省，应立即请旁人协助；

呼救，打120：

若呼唤无反应，则立即呼救，目的是叫人协助急救和通知医院和医疗急救部门，申请急救车服务；

摆好伤者身体：

为使复苏有效，患者必须仰卧在坚实而无弹性的平面上，头部与躯干呈水平位，身体无扭曲，两臂放在身旁，解开衣领，松开裤带；

抢救者跪于患者的右侧，两腿自然分开，一只膝关节位于伤者肩部，另一只膝关节位于伤者腰部，抢救者双腿与肩同宽，并尽量贴近患者；

清除口腔异物：

迅速清除其口、鼻、咽喉的异物、凝血块、痰液、呕吐物等。一手用拇指、食指拉出舌头，另一手食指伸入口腔和咽部，迅速将血块、异物取出；

打开气道：

清理干净气道异物后，需要继续保持气道通畅。一手放在患者前额上，手掌向后下方施力，使头向后仰；另一手的食指及中指将下颏托起，此时，拉开颈部，尽量让头后倾。注意手指不要压向喉部，以免阻塞气道；

判断呼吸：

将面颊贴近伤者口鼻部，眼睛朝向伤者胸部，判断伤者呼吸是否存在。同时默数 1001、1002、1003、1004、1005（即 5 秒钟），如已无呼吸，应立即进行人工呼吸；

人工呼吸：

口对口法进行人工呼吸是为患者肺部供应氧的首选快速有效的方法（在第三篇生活预警篇 2.1 "救护触电者的操作规程是什么"中已述）；

判断有无脉搏：

心跳停止后脉搏亦随之消失。颈动脉有无搏动能较准确反映心跳的情况。

一手按住伤者前额，另一手的食指和中指找到气管的位置（男性可以先触及喉结），两指头向外侧顺着救助者自身方向下滑 2 ~ 3 厘米至颈动脉处。触摸颈动脉，可默数 1001、1002、1003、1004、1005（即 5 秒钟），时间不超过 10 秒。若无搏动，应迅速实施胸外按压。

胸外心脏按压（在第三篇生活预警篇 2.1 "救护触电者的操作规程是什么"中已述）。

怎样简易止血、包扎

止血是创伤现场应急救护首先要掌握的一项基本技术，其主要目的是阻止伤口持续性出血，防止伤者出现因失血过多而导致死亡，为伤者赢得宝贵的抢救时间，从而挽救伤者的生命。

止血使用的材料主要有绷带、三角巾、尼龙网套等。如果没有这些急救用品，可以使用清洁的毛巾、围巾、衣物等作为替代品。

"按、包、塞"三字止血法：

按：首先用干净的毛巾或厚的纸巾完全覆盖伤口，再用手紧紧压住止血。通常按压 4～5 分钟即可。

包：出血较多时可用清洁的毛巾、衣物、围巾等敷盖伤口，用力加压，做环形包扎。

塞：当伤口较深时就用干净布团塞紧伤口再包扎止血。

手、脚趾止血法：

这是最容易发生出血的地方。应先抬高出血的手指，再用另一只手的食指和拇指压住伤指根部约 10 分钟即可。脚趾出血应先抬高出血的患处至胸部以上，再用双手的拇指分别压住伤者的足背动脉和胫后动脉约 10 分钟即可。

毛巾包扎法：

毛巾包扎的要领：角要拉得紧，结要打得牢，包扎要贴实，松紧要适宜。

怎样简易固定

当出现外伤后，局部组织有"红、肿、热、痛和功能障碍"时应考虑有骨折的可能。如前臂骨折这是最容易出现的骨折类型。此时前臂出现皮肤发红、肿胀、发热和疼痛，前臂抬起不能功能障碍。

固定是针对骨折的伤者所采用的一项急救措施。其目的是固定伤处，限制骨折部位的移动，避免骨折断端刺伤皮肤、血管、神经及重要脏器，减轻疼痛，便于运送。

固定的材料有夹板、敷料（如棉花、衣服、布类）和条带（用来捆绑夹板的，如三角巾、绷带、腰带等）。固定绝对禁止使用铁丝之类东西，如果事故现场没有这些材料，可以利用伤者自身进行固定：上肢骨折者可将伤肢与躯干绑在一起固定；下肢骨折者可将伤肢与健康肢体绑在一起固定。

如何进行简易固定

上肢骨折：

第一，肱骨骨折。用木夹板两块置于上臂内、外侧，如果只有一块夹板时，则放在上臂外侧，用条带将上下两端扎牢固定，肘关节屈曲 90 度，前臂在前胸吊起。现场无夹板时，可用条带将上臂固定在躯干上，屈肘 90 度，再用条带将前臂悬吊在胸前固定。

第二，前臂骨折。用木夹板两块置于前臂的内、外侧（如只有一块夹板时则放在上臂外侧），用条带将上下两端扎牢固定，肘关节屈曲 90 度，拇指向上，前臂悬吊于前胸。现场无夹板时，可用条带将上臂固定在躯干上，屈肘 90 度，再用条带将前臂悬吊在胸前固定。

小腿骨折：

用两块由大腿中段到脚跟长的木板加垫后，放在小腿的内侧和外侧，如果只有一块木板时，则放在外侧，关节处加垫软物后，用五根条带分段扎牢固定。先固定小腿骨折的上下两端，然后，依次固定大腿中部、膝关节、踝关节并使小腿与脚掌呈垂直。

怎样搬运

搬运是现场急救的最后一个环节。目的是为了及时、迅速、安全地转运伤者至安全地区防止再次受伤。因此，使用正确的搬运方法是急救成功的重要环节，而错误的搬运方法可以造成附加损伤，甚至前功尽弃。

单人搬运：救护人站于伤者的一侧，使其身体略靠着救护人，一起行走；或者一人直接将伤者抱起行走；或者将伤者背起。如伤者卧于地上，救护人可先躺其一侧，一手紧握伤者肩部，另一手抱其腿，用力翻身，使其伏于救护人背上，而后慢慢起来行走。

双人搬运：一人站在伤者的头部，两手插入伤者腋下，抱入怀内；另一人站在伤者两腿中间，托起双腿，然后步调一致前行。

2.5 用药

几乎每个人一生中都会有很多次因身体不适而服药的经历，错误的给药方式不能起到治疗疾病的作用，而服药方法不正确会直接影响药效的发挥，甚至会对身体造成伤害。

怎样服药才科学

服药姿势：

我们有时候会躺着服药，这是很不好的做法。如果送服的水少，药物只有一半到达胃里，另一半会在食管中溶化或黏附在食管壁上。由于有的药物是碱性的，有的是酸性的，有的具有很强的刺激性，如果在食管壁上溶化或停留时间过长，就可引起食管发炎，严重的甚至引发溃疡或穿孔。

正确的服药方法是：站着服药，多喝几口水，服药后不要马上躺下，最好站立或走动一分钟，以便药物完全进入胃里。千万注意，不可干吞药品，干吞药品最容易使药片黏附在食管壁上，导致食管黏膜损伤。

服药时间：

服用一种药物之前，应当认真阅读说明书，按要求服药。每日一次是指给药的固定时间，每天都在同一时间服用。每日服用2次是指早晚各一次，一般指早8时、晚8时。每日服用3次是指早、中、晚各1次，通常每8小时1次。饭前服用一般是指饭前半小时服用，健胃药、助消化药大都在饭前服用。不注明饭前的药品皆在饭后服用。睡前服用是指睡前半小时服用。空腹服用是指清晨空腹或餐后2小时。

有些药片不能掰开吃：

在常用的药品当中，有些是肠溶片，不可将药片掰开、嚼碎或研成粉末服用，应整片吞服。

有些人感觉吞咽一粒胶囊或一片药很困难。因此，在服药前可先漱漱口，或先喝些温水以湿润咽喉，然后将药片或胶囊放在舌的后部，喝一口水咽下。如果担心药片或胶囊过大，可能卡在嗓子里，可将药片研碎或将胶囊内药物倒出，置汤匙内，以温水混匀，再服用。需要注意的是，在这样做之前一定要详细阅读药片说明书或者向药师咨询，因为有些片剂和胶囊不能掰开或研碎服用，必须整颗咽下。

白开水送服：

口服给药是一种最常见的给药途径。口服药的理想用水是白开水，温开水或冷开水均可。一般成人一次量的药物用 100 毫升水送服。

茶、碳酸型饮料、咖啡、牛奶、豆浆等不能用来送服药物。

一般情况下，服药后立即卧床休息，可能引发食道溃疡等伤害。为预防食道溃疡，服药前先喝一口水，服药后再喝至少 100 毫升的水，服药后站或坐着 5～10 分钟，才可上床休息，并避免同时喝酒。

服中药的禁忌：

服用中药期间，为保证药效，不要吃那些可能会与药物发生反应的食物，以免降低药效，或产生毒副作用，加重病情。以下是一些与服用中药有关的禁忌。

第一，忌茶水。无论中药、西药一般都不能用茶水送服，因为茶叶内含有一种物质，叫做鞣酸，它会和药物中的蛋白质、生物碱或重金属盐等起化学反应，生成不溶性的沉淀物，影响药物有效成分的吸收，降低疗效。

第二，忌生冷、油腻、辛辣的食物。服药时应少吃生冷、油腻、不易消化的食物，以免增加病人的肠胃负担，影响对药物的吸收。

第三，合理加糖。一般来说，中药，特别是汤药都比较苦，服用时患者往往要加点糖，其实一些中药是不适宜加糖后再服用的。我们常吃的糖分为白糖和红糖。红糖为温性；白糖为凉性。所以，加糖服药应首先了解药物的性状，凉性的药物可适当加一些白糖，热性的药物可加适量的红糖，这样才不会影响药效。

感冒了，吃什么药好呢

病毒或者细菌都可以引起感冒。病毒引起的感冒属于病毒性感冒，细菌引起的感冒属于细菌性感冒。抗生素只对细菌性感冒有用。

我们经常使用的如：青霉素、头孢菌素类、链霉素、庆大霉素、四环素、土霉素、金霉素、红霉素、白霉素、乙酰螺旋霉素、麦迪霉素等都属于抗生素。

抗生素不直接针对炎症发挥作用，而是针对引起炎症的微生物起到杀灭的作用。消炎药是针对炎症的，比如常用的阿司匹林等消炎镇痛药。

通常来讲，感冒是病毒感染引起的，而针对病毒感染有效的药物不是很多。在国外人们发热吃点阿司匹林、维生素 C 等，在国内主张吃些清热解毒的中药，如感冒冲剂。感冒主要还是要靠自身的抵抗力，患者通常过几天就能够康复。如果是咽喉疼痛厉害、有黄痰的情况可以使用抗生素。

严格意义上讲，对病毒性感冒并没有什么有效的药物，只是对症治疗，而不需要使用抗生素。大家可能都有过这种经历，感冒以后习惯性在药店买一些感冒药，同时加一点抗生素来使用。实际上抗生素在这个时候是没有用处的，是浪费也是滥用。

长期大量服用抗生素，会严重破坏自身免疫系统，引起抵抗力下降，还可以引起肠道功能失调。同时，身体里可能产生大量耐药细菌，导致无药可治！

家中的抗生素，能否自行服用

如果是凭经验，上呼吸道感染或一般的肠胃炎自己服用一些也未尝不可。但是如果病情有变化还是要去医院看病。每种抗生素作用不同，现在国家规范使用抗生素也是由于人们在家里随意吃抗生素，抓到什么就吃什么，这样效果并不好，而且可能会产生反作用。如果有炎症，原来吃某种药有效果，那么这次要吃，一定要控制到一个比较好的情况，避免不规范用药。如果吃药后没有效果要及时就医，因为普通的抗生素耐药性还是挺强的，所以有时候需要调换其他一些更有效的药物。

附：

常言说得好："报警早，损失小。"我们在遇到各种自然灾害、人为侵害、突发事件时，务必在第一时间报警求救，以确保自己和他人的生命财产安全。

◆ 急救电话——救助的第一步

● 110 报警服务电话

● 119 火警报警电话

● 120 医疗急救指挥中心电话

● 122 交通事故报警电话

◆ 报警电话的使用方法

● 就近报警，越快越好；

● 拨打 110、119、120、122 免收电话费，投币、磁卡等公用电话都可直接拨打；

● 手机报警无需加区号；

● 在欠费状态或待机状态下，固定电话、手机、小灵通等通信工具可以呼叫所有紧急救助电话；

● 110、119、120、122 四台联动，遇到重大灾祸时，拨打任何一个都能得到帮助，但必须说清需要什么性质的救助；不要同时拨打几个号码，以免造成资源浪费；

● 报警求助电话，争分夺秒，语言必须清楚、准确，最忌语无伦次，这是最重要的。因此，报警者一定要保持镇定，抓紧时间把事情说清楚，无关的话不要讲；

● 留下你的联系电话和姓名。

特别注意：

切勿乱打报警电话，报假案、滋扰报警服务台工作人员，对恶意搔扰电话，根据《治安管理处罚条例》给予批评、警告、罚款以至治安拘留的处罚，情节特别严重者将依法追究刑事责任。同时，拨打 120 取乐，也是扰乱社会秩序的表现，同样可以按照《治安管理条例》进行处罚。

主要参考书目

1. 中华人民共和国农业部：《农业防灾减灾 100 问》，中国农业出版社 2009 年版。

2. 张子安、范小强：《农业防灾减灾及农村突发事件应对》，金盾出版社 2010 年版。

3. 王秀杰：《农作物抗灾减灾知识手册》，石油工业出版社 2008 年版。

4. 张建中：《传染病的预防》，化学工业出版社 2004 年版。

5. 孙江平：《艾滋病知识普及读本》，人民卫生出版社 2006 年版。

6. 刘洪亮：《公共场所卫生与传染病预防》，化学工业出版社 2007 年版。

7. 巢振南：《现代临床急诊医学》，人民军医出版社 1996 年版。

8. 张少泉：《急救医学与急救技术学》，中国医学科技出版社 1994 年版。

9. 陆再英：《内科学》，人民卫生出版社 2008 年版。

10. 邢娟娟：《紧急救助实用应急技术》，航空工业出版社 2008 年版。

11. 中国市场出版社编写组：《不可不知的防灾避险常识》，中国市场出版社 2008 年版。

12. 李渝：《解救危机——21 世纪必备生存手册》，中国青年出版社 2004 年版。

13. 卢天：《遇险自救》，广东省地图出版社 2000 年版。